依口味选择！依体质选择！

随身小厨房
焖烧罐汤便当

[日] 植木桃子 - 著　罗淑慧 - 译

光明日报出版社

前言

大家平常都是如何制作每天的便当呢？

大家都希望在便当里填装上许多美味且色彩缤纷的菜品，可是每天都这么做实在很辛苦，而且也有许多人因此没办法坚持下去。

在这里，我要介绍一些汤便当给大家。不需要许多种菜色，汤品中不仅可以放入各种不同的食材，还可以放入大量的蔬菜，让营养更加均衡。

不论是营养方面还是分量上都可以兼顾的汤品，搭配上米饭、面包等主食，一份美味的汤便当就完成了！或许您认为烹煮汤品很麻烦又很费时，因而对汤品的制作敬而远之，很高兴的是，我要在这里向各位推荐现在正热门的焖烧罐。

说到焖烧罐的魅力，除了可以随身携带保温汤品之外，还具有焖烧的功能。汤品可通过炖煮熬出食材的美味，而这种焖烧罐只要将加热过的食材放入，就可以慢慢地焖烧食材。因为是温和焖烧，所以可以使肉质软嫩、鱼肉多汁、蔬菜松软，宛如午餐前刚煮好的汤品一般。

不管是放入焖烧罐就可焖烧的食材，还是用微波炉加热的食材，或者用小锅炖煮的食材，制作方法都会因食材而有所不同，不过，调理的时间都只要5分钟左右，做法非常简单。

汤便当的成功秘诀就在于"有备无患"，只要在前一天准备好食材，早上就能快速完成。

汤便当不仅能够让早上的便当制作更加轻松，更能让午餐时光成为幸福时刻。

如果这本书能够给更多人带来喜悦，那也会是我的喜悦！

植木桃子

汤便当让早晨更轻松，
最后的步骤就交给焖烧罐吧！

3

Contents 目录

Part 1 任何食材都对味
法式清汤风味

Part 2 清爽、迎合大众口味
浓汤风味

本书的规则

为您介绍本食谱的使用规则。
请参考并充分善用您手边的焖烧罐。

 本书使用的是膳魔师的焖烧罐。

本食谱使用的是膳魔师（THERMOS）的焖烧罐"真空断热食品罐
JBJ-300"（容量 300mL）。使用其他容量的焖烧罐时，请依照焖烧罐的
容量，自行调整食材及调味料的分量、水量。

本书将介绍许多可以在办公室、学校等处制作的美味汤品。

- -

规则 2　**所有汤品皆可在 4 ~ 5 小时后品尝。**

本书所介绍的汤品在早晨备妥后，可在 4 ~ 5 小时之后食用。
其中也有进行加热烹煮后就可立即品尝的汤品，若善用焖烧罐的
焖烧功能，则会更加美味。需要费时烹煮的根茎类蔬菜等，皆可
利用焖烧罐进行保温焖烧，4 ~ 5 小时后即可变得软嫩。

- -

规则 3　**所有汤品皆附有 7 种图示。**

本食谱除了可依味觉挑选之外，更特别以药膳的观念进行编撰，读者可依照当天的体质状况进
行挑选。请参考下列的图示。

恢复
疲劳

压力过大、过度疲劳时
食用。

提升女
性魅力

希望减少浮肿、生理痛、
贫血现象及美肤等时食
用。

改善
虚冷

因自律神经或荷尔蒙失
调、空调所导致的虚冷
而身体不适时食用。

消除
便秘

便秘时，最适合食用含
有大量食物纤维的汤品。

改善
暴食

体重增加，希望改善暴
食、瘦身时食用。

改善饮
酒过多

饮酒过多，肝功能疲劳时
食用。

改善眼
睛疲劳

因过度使用电脑、手机等导
致眼睛疲劳时食用。

焖烧罐的保温焖烧魅力

为您介绍焖烧罐所拥有的保温原理，并请牢记调理的重点。

保温效果惊人，所以才能做出美味的汤品!

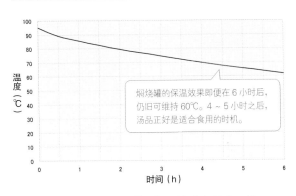

焖烧罐的保温效果即便在 6 小时后，仍旧可维持 60℃。4 ~ 5 小时之后，汤品正好是适合食用的时机。

膳魔师焖烧罐使用真空断热层构造，能长时间防止热气外露，因此能够在约 6 小时内使食物的温度保持在 60℃以上。另外，保冷效果也非常优秀，可长时间使温热食物维持温热，使冰冷食物维持冰冷。

JBJ-300 保温效果实测值 ※ 95℃开始 空气温度 20℃

※ 测量值的容量是截至内盖下缘为止的汤量（280mL）。实测值与规格标示值（功能保证值）有所差异。

早晨的准备只需 5 分钟! 只要放入事先准备的食材，焖烧罐就会在中午前将汤品保温焖烧完成。

善加利用焖烧罐的焖烧功能，只要早上将食材加热烹调，再放入焖烧罐即可。只要学会下面的诀窍，就能大量缩短早晨的准备时间，同时轻松制作出美味的汤品。此外，书中也会介绍干货食材或绿叶蔬菜等，可参考焖烧罐的调理食谱。

建议牢记的调理重点

- 为提高焖烧罐的保温效果，将汤品食材放入焖烧罐之前，必须进行预热。倒入热水，并关紧外盖，预热 2 分钟以上。如果在未预热的情况下直接放入食材，罐内的温度会下降，无法达到预期的保温效果。详细参考 8 ~ 9 页。
- 将汤品等装入焖烧罐后，请勿在食用之前打开外盖，以免造成罐内的温度下降，使保温效果变差。
- 根茎叶蔬菜等较硬的食材或肉类等生食，要切成容易熟透的大小，经过加热之后再放入焖烧罐里。

试着实际使用焖烧罐

①放入预先加热烹调的汤品。
②直接将食材放入焖烧罐，制成汤品。

基本使用方法 1

放入预先加热烹调的食材制作汤品的情况

使用不容易熟透的根茎类蔬菜或肉类等生食、乳制品时，要预先使用燃气炉或微波炉稍微加热烹调后，再放入焖烧罐中。这个步骤同时具有预防食物腐败的效果。

1 将热水倒入焖烧罐

为提高保温效果，将热水倒至焖烧罐内部的标示线为止（参考 14 页）。

2 关上外盖预热（保温）

放上内盖，将外盖关紧，静置 2 分钟以上。

3 加热食材

将水（有些食材要倒入热水）倒入牛奶锅大小的锅子里，将食材稍微加热，用调味料调味后关火。

使用微波炉时

放入耐热容器中，覆盖上保鲜膜，进行加热。

牛奶等乳制品要放入耐热容器中，用微波炉加热。

4 倒掉焖烧罐内的热水

将步骤 2 中预热焖烧罐的热水倒掉。

5 将食材放入焖烧罐

A 食材较大时，使用尖嘴勺会比较方便。
B 没有汤勺时，也可以直接倒入，注意不要倒到罐外。

6 盖上外盖，

4 ~ 5 小时后即可品尝美味

放上内盖，将外盖关紧。在食用之前不要打开外盖。

直接将食材放入焖烧罐制成汤品的情况

　　绿叶蔬菜、干货食材、火腿或金枪鱼等加工食品等不需要加热烹煮的食材，只要直接放入焖烧罐里，沥水后加入调味料和热水就可以了。焖烧罐会负责保温焖烧食材。由于可缩短加热的时间，所以对于忙碌的早晨来说，是非常方便的一种方法。

1 将食材放入焖烧罐

将切好的食材放入焖烧罐。

2 倒入热水

倒入热水至没过食材（倒至焖烧罐内部的标示线为止，参考14页）。

3 加热食材

放上内盖，将外盖关紧。

4 2分钟后将水倒掉（沥水）

Ａ 2分钟后，一边用内盖遮住罐口，避免食材流出，一边将热水沥干。
Ｂ 使用滤网就不用担心食材流出，可轻松地将热水沥干。

5 加入调味料等调味

沥水后，加入汤底和调味料。

6 快速搅拌

用筷子等器具快速搅拌食材，使调味料充分混合。

7 加入热水

加入热水至没过食材（倒至焖烧罐内部的标示线为止）。

**8 盖上外盖，
　 4 ～ 5 小时后
　 即可品尝美味**

放上内盖，将外盖关紧。
在食用之前不要打开外盖。

早晨轻松的秘诀

　　制作便当的早晨，大家总是希望通过好的料理方法或使用便利的食材缩短便当的制作时间，现在就为大家介绍几种让汤品制作变得简单又美味的秘诀吧！

➊ 将肉和蔬菜分装后放入冰箱

买回食材的当天做些处理，就能让每天的汤品制作更加轻松。

西式汤品常用的洋葱、芹菜、胡萝卜等香味蔬菜，买回家后一次切好，用保鲜膜分装单次的分量，冷冻保存备用。

预先分装单次分量（30～40g）。

肉类切成容易食用的大小，拌入2大匙白酒后，用保鲜膜分装出单次的分量，冷冻保存备用。

鸡胸肉切成薄片，分成单次分量（30g）后，放入保鲜袋内。

➋ 善用不需要泡软的干货食材

干货食材非常适合保温焖烧。

干香菇等熬煮汤底的干货食材，直接放入焖烧罐里。

粉丝剪成容易食用的长度，直接放入焖烧罐里。

干香菇、虾干、干贝、羊栖菜、冻豆腐等这类不需要泡软的食材，直接放入焖烧罐就可以。小银鱼和海带可以烹煮出美味汤底，建议先加热烹煮。

➌ 预先制作调味料缩短工时

让汤品更加美味的香味蔬菜可利用风干、油渍、热炒的方式预先保存，就能节省下很多料理的时间。

干姜片　将切片的生姜放在室内风干2～3天，制作汤品时可以直接使用。

材料
生姜…2大块

制作方法
1 生姜清洗干净后，切成2mm厚的薄片。
2 将水分擦干，平铺在筛子上面，放在室内风干。
3 静置2～3天，生姜片呈现如图片般的干燥状态后，保存在容器内（干燥的程度会因室内温度和湿度而有不同）。

将切片的生姜平铺在筛子上面，放在室内风干。

风干2天后的姜片，呈现酥脆、卷缩的状态。

10

左：葱油　右：蒜油

为了预防氧化，要使用短小的保存容器，并用较多的油没过食材，冷藏保存并在 2 星期内使用完毕。

葱油

用于日式、中华汤的汤底，汤头会更加浓郁。

材料

葱 … 适量　芝麻油 … 适量

制作方法

将切碎的葱放入保存容器中，加入芝麻油直到瓶口为止，然后密封瓶盖。

蒜油

本书中使用橄榄油炒蒜头时可以用 1 小匙蒜油代替。

材料

蒜头 … 适量　橄榄油 … 适量

制作方法

将切碎的蒜头放入保存容器中，加入橄榄油直到瓶口为止，然后密封瓶盖。

调味菜

意大利料理的菜底，由切碎的洋葱和芹菜拌炒而成。
本食谱中拌炒洋葱和芹菜的步骤，可以用 2 大匙调味菜代替。

　▶　

将洋葱和芹菜切碎。芹菜的茎和叶都要使用。

将炒好的调味菜放入保存容器后，放入冰箱保存。

材料

洋葱碎末 … 1个份（200g）

芹菜碎末 … 2根份

橄榄油 … 3大匙

制作方法

1 用橄榄油预热平底锅，加入洋葱和芹菜，拌炒至软烂为止。

2 待步骤 1 的食材冷却后，放入保存容器中存放。

※ 放入保存容器后，冷藏或冷冻保存。采用冷藏保存时，要在 1 星期内使用完毕。

---

❹ 焖烧罐的绝佳伙伴！ 有效利用有用的器具

磨泥器、刨刀、厨房剪刀、切片器

土豆切片用切片器、绿叶蔬菜用厨房剪刀，这样就不需要砧板了。将洋葱、莲藕、山药等磨成泥时用磨泥器，蔬菜去皮时用刨刀，善用工具就能让调理过程更加便利。

量匙和量杯

如果有 1mL 和 5mL 等小型量匙，斟酌调味料等分量时就会更加方便。耐热且有把手的量杯比较方便使用。测量液体或用微波炉加热食材时，格外便利。

带尖嘴的牛奶锅或较小的平底锅

加热烹煮焖烧罐的食材时，使用直径约 16cm 的短小牛奶锅或迷你平底锅非常便利。牛奶锅建议使用有尖嘴的款式。

让汤品美味的诀窍

添加香味蔬菜或煮汤用的干货食材、香料等，只要稍微下点功夫，就可以让汤品更加美味。

使用香味蔬菜

在增添汤品风味方面，作为佐料使用的香味蔬菜也是增添香气的重要食材。配合汤品的种类灵活运用吧！

生姜
切成碎末或磨成泥，适合为各种汤品提味。

柚子皮
为汤品增添香气。也可以用干燥的柚子皮代替。

葱
日式汤、中华汤品中不可欠缺的万能佐料。

鸭儿芹
日式汤品所不可欠缺的佐料。

青紫苏
在日式汤品完成后添加，可以增添风味。

煮汤用的
干货食材

干货食材只要用焖烧罐保温焖烧，就可以制作出美味汤品，可以直接使用。

干香菇
不需要泡软，可直接使用。

柴鱼片
日式汤品所不可欠缺的食材。与味噌非常搭配，清汤也非常适合。

鱼干
去掉头和肠之后进行焖煮，就可成为美味汤品，钙质丰富。

虾干
甜味浓厚的食品。有些种类含有盐分，所以要用热水烫过后再使用。

干贝
含有许多甜味成分，非常美味。

使用香料

在此介绍本食谱中用来提味或决定美味关键的优异香料。

孜然
调理民族风味时使用。为油添加香气时也可使用。

咖喱粉
法式清汤等西式汤品，以及使用了鸡骨高汤的汤品等都非常适合。

胡椒
几乎所有汤品都会使用的万能调味料。依照个人喜好，灵活运用白胡椒和黑胡椒吧！

肉桂
拥有独特的香气，以及残留于舌尖的些许辛辣味，可引出食材的甜味。

花椒粉
在日式汤或中华汤品中使用，可产生独特的辛辣风味。

本书使用的主要调味料

高汤粉或液体调味料，只要尽可能地选择无添加化学调味料及盐分的种类，就能够充分享受食材的美味。

高汤粉、高汤粒

浓缩鸡汤粉

可品尝到鸡肉美味的万能西式汤底。

浓缩牛肉清汤粉

以牛肉为原料，醇厚且浓郁的汤底。

浓缩清汤粉

西式汤品的汤底。希望做出比清汤更浓郁的风味时，可以让味道更有深度。

浓缩鸡骨汤粉

中华汤调味上所不可欠缺的调味料。适用于中式或民族风的汤品。

浓缩日式清汤粉

以柴鱼或海带为汤底的日式调味料。适用于日式汤品。

其他调味料

味噌

在本食谱中，主要是以米曲和大豆所制造的红味噌为汤底。使用调味味噌时，要控制盐量。

酒粕

酿酒之后所残留的发酵调味料。含有丰富的维生素和氨基酸。

鱼露

泰国的代表性调味料。希望增添民族风味时使用。

盐曲

将米曲、盐、水混合后发酵，引出食材甜味及浓郁香气的万能调味料。

豆瓣酱

以蚕豆、辣椒为主原料的发酵调味料。加热后可增添香气。

焖烧罐适用的干货食材

适用于焖烧罐保温焖烧功能的干货食材，不仅保存方便，对于忙碌的早晨来说也是非常珍贵的食材。

萝卜干

通过干燥的方式，使萝卜产生独特的甜味与口感。需泡软后使用。

冻豆腐

不需泡软，预先切成小块，使用时就会更加便利。

切碎的裙带菜

焖烧罐的适用分量为2g左右。不需要泡软，可直接用来制作汤品。

羊栖菜

只要使用免泡软的种类，就能缩短工时。

麸

不需泡软，可直接用来制作汤品，并能增加饱足感。

焖烧罐的基本常识

先了解焖烧罐的特征和规则，再进行调理。

基本构造

外盖
打开时往逆时针方向转动，关紧时则往顺时针方向转动。

内盖
为了提高保温效果，焖烧罐都附有内盖。

本体
采用真空构造，瓶口采用方便食用的广口设计。

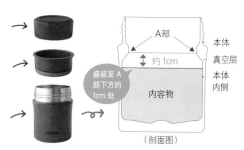

A部

本体

约1cm

真空层

盛装至A部下方约1cm处

本体内侧

内容物

（剖面图）

务必遵守的注意事项

①使用前务必用热水预热

为了维持焖烧罐的保温效果，要用热水将本体和食材预热2分钟以上（参考8~9页）。

②生食、乳制品务必预先加热

肉或鱼贝类等生食，以及牛奶、豆浆、鲜奶油等乳制品，要加热后再用焖烧罐进行保温。若加热不够充分，可能会导致食物腐败。

③不超过盛装容量

将食物装入焖烧罐时，勿让食物超出内部的标示线（上图的红色线条）。若盛装过多，盖上盖子时会造成内容物溢出。

④在6小时以内食用完毕

本食谱所介绍的汤品在4~5小时后食用最为恰当。要在6小时以内食用完毕，若放置过久，可能会导致食物腐败。

保养规则

- 使用后立即清洗并晾干。本体不要放入洗碗机中，内盖和外盖则可以用洗碗机清洗。
- 不要将干冰、碳酸饮料、生食、冰沙等放入焖烧罐中。
- 不要用明火烹煮焖烧罐，或让焖烧罐靠近暖炉、火炉等火源，以免烫损或变形、变色。
- 避免直接用微波炉加热焖烧罐，要将食材放入耐热容器后，再用微波炉进行加热。此外，也不要将焖烧罐放入冰箱中。

本书的使用方法

● 食谱标示的规则

- 材料为1人份，是较容易制作的分量。
- 1大匙为15mL，1小匙为5mL。
- 制作方法中并未特别标示清洗、去皮、去香菇蒂、去鱼干的头和肠等前置作业。
- 没有特别标示时，即代表火候为中火。
- 杂粮、冻豆腐以及木耳等干货，只要在使用前用水清洗干净，去除掉灰尘或脏污，即可安心食用。

● 其他

- 本食谱使用膳魔师"真空断热食物罐JBJ-300"（容量300mL）。使用其他品牌的产品时，请参照说明书使用。另外，若盛装分量减少，可能会降低保温效果。此外，若是增加食材，也无法成功调理。
- 依食材大小或料理锅具的不同，有时会使完成的分量超出焖烧罐内部的标示线。遇此情况时，切勿让盛装的分量超出内部的标示线。
- 焖烧罐预热用的热水不包含在材料里面。由于有的料理中也会使用到热水，因此，就标准来说，最好事先准备600mL左右的热水。另外，使用热水时要多加小心，避免不慎烫伤。
- 微波炉的加热时间是以火力600W时的情况为标准。由于品牌及机种不同，因此，请视情况自行调整。

Part 1

任何食材都对味

法式清汤风味

将蔬菜和肉类的美味浓缩在一起的高汤粉或清汤粉，
是引出食材美味的得力助手。
灵活运用鸡肉或牛肉，制造出各种不同的美味。

奶酪风味的面包吸满汤汁

法式焗洋葱汤

里面有
这些食材

洋葱　　法国面包

火腿　　芹菜

奶酪粉

恢复
疲劳

材料

洋葱…1/2 个（100g）▶切片

芹菜…30g ▶切片

法国面包（硬式）

　…2 片（8mm 厚）▶对半切

火腿…1 片 ▶切成 8mm 宽

A ┌ 白酒…1 大匙
　├ 浓缩清汤粉…1/3 小匙
　└ 热水…200mL

橄榄油…1/2 大匙

奶酪粉…1 小匙

盐…1/5 小匙

胡椒…少许

制作方法

1 预热 & 烤面包

将热水倒入焖烧罐，关上盖子预热。将面包放在锡箔纸上，撒上奶酪粉，放入烤箱烤成焦黄色。

2 拌炒 & 烹煮食材

将橄榄油倒入平底锅加热，用小火拌炒洋葱和芹菜，加入火腿和 A 材料后，用中火烹煮至沸腾。加入盐、胡椒调味后关火。

3 装入焖烧罐

将焖烧罐中步骤 1 预热的热水倒掉，将步骤 1 的面包切成 2 块装入焖烧罐，再将步骤 2 的汤品倒入。最后将剩下的面包放入，关紧盖子。

重点

可使用 2 大匙调味菜（参考 11 页）取代洋葱和芹菜。

只要切成一口大小，块状的蔬菜也会变得软烂

法式火上锅※

鸡腿肉　　芜菁

土豆　　芹菜

洋葱　　月桂叶、
　　　干燥百里香

恢复
疲劳

※ 火上锅：法国饮食文化中一种具有代表性的菜式。大体做法是将一盘牛
肉倒入用蔬菜及香草调味过的清汤里，用微火长时间慢炖即可。

材料

鸡腿肉…50g

　▶ 切成一口大小，淋上 1/2 大匙的白酒

芜菁…1/2 个（40g）▶ 2 等分后横向对半切

胡萝卜…1/6 根（20g）▶ 切成小的滚刀块

洋葱…1/6 个（30g）▶ 将月牙形横向对半切

芹菜…20g ▶ 切成 2cm 厚

土豆…1/2 小个（40g）▶ 切成小的滚刀块

A [
浓缩鸡汤粉…1/3小匙
白酒…1大匙
月桂叶…1片
干燥百里香…少许
]

盐、胡椒…各少许

水…200mL

制作方法

1 预热

将热水倒入焖烧罐，关上盖子预热。

2 烹煮

将水和所有的蔬菜放入锅里加热。煮沸后，
放入鸡肉和 A 材料，煮至鸡肉变色为止。
加入盐、胡椒调味后关火。

3 装入焖烧罐

将焖烧罐中步骤 1 预热的热水倒掉，拿掉
步骤 2 的月桂叶后，倒入汤品，关紧盖子。

重点

肉类也可以改用会释放出甜味的炖煮用牛肉
或香肠。

俄罗斯的招牌汤品，可使用红芜菁代替甜菜根

简易罗宋汤

改善
虚冷

材料

牛肉片…30g ▶淋上 1/2 大匙的白酒

甜菜根（罐头）…40g ▶切碎

番茄…2/5 个（40g）▶切成大块

洋葱…1/5 个（40g）▶切成 8mm 厚

芹菜…30g ▶切片

胡萝卜…1/4 根（30g）▶切碎

浓缩牛肉清汤粉…1/2 小匙

橄榄油…1 小匙

盐、胡椒…各少许

热水…200mL

制作方法

1 预热 & 拌炒食材

将热水倒入焖烧罐，关上盖子预热。将橄榄油倒入平底锅加热，用小火拌炒洋葱、芹菜和胡萝卜，加入甜菜根，用中火快速翻炒。

2 烹煮

加入热水、浓缩牛肉清汤粉、牛肉和番茄，沸腾后除去浮渣，加入盐、胡椒调味后关火。

3 装入焖烧罐

将焖烧罐中步骤 1 预热的热水倒掉，倒入步骤 2 的汤品后关紧盖子。

享受奶酪风味的汤与鸡蛋的滑嫩口感

温泉蛋和圆白菜的奶酪汤

恢复
疲劳

材料

温泉蛋…1 个

圆白菜…1 片〔60g〕

▶ 切成 1cm 宽

洋葱…1/6 个〔30g〕

▶ 切片

香肠…2 条

▶ 切成 8mm 厚

橄榄油…1 小匙

A ⎡ 白酒…1 大匙
  ⎣ 浓缩清汤粉…1/2 小匙

奶酪粉…1/2 大匙

盐、胡椒…各少许

热水…200mL

制作方法

1 预热 & 拌炒食材

将热水倒入焖烧罐，关上盖子预热。将橄榄油倒入平底锅加热，拌炒蔬菜。

2 烹煮

蔬菜变软之后，加入热水、香肠、A 材料，煮沸后加入盐、胡椒调味，在关火之前撒上奶酪粉。

3 装入焖烧罐

将焖烧罐中步骤 1 预热的热水倒掉，倒入步骤 2 的汤品后关紧盖子。

重点

温泉蛋在食用前再放入即可。

容易软烂的食材组合，不需要锅子

西兰花和花椰菜的汤

恢复
疲劳

材料

西兰花…30g ▶ 分成小朵

花椰菜…30g ▶ 分成小朵

洋葱…1/5 个（40g） ▶ 切片

芹菜…20g ▶ 切片

A ⎡ 金枪鱼罐头…80g ▶ 沥掉汤汁
  ⎢ 浓缩鸡汤粉…1/2 小匙
  ⎣ 盐、胡椒…各少许

热水…200mL

制作方法

1 食材和焖烧罐的预热

将 A 材料以外的食材全部放入焖烧罐，倒入热水至没过食材，关紧盖子。

2 沥干 & 加入热水

静置 2 分钟后，将步骤 1 的盖子打开，将滤网或内盖平贴于瓶口，将焖烧罐里的热水沥掉，同时注意不要将食材倒出来，之后加入 A 材料，快速搅拌后倒入热水，关紧盖子。

> **重点**
>
> 由于加入了西兰花和花椰菜，所以在肠胃不适的时候，非常适合食用。

蚬贝的鸟氨酸效果有助于身体的恢复

蚬贝芦笋咖喱汤

改善饮
酒过多

改善眼
睛疲劳

材料

蚬贝（水煮）…40g（净重）

绿芦笋…2 支（25g）▶切成 2cm 长

洋葱…1/6 个（30g）▶切片

芹菜…10g ▶切片

A
咖喱粉…1 小匙
浓缩鸡汤粉…1/2 小匙
盐、胡椒…各少许

热水…200mL 多一点

制作方法

1 食材和焖烧罐的预热

将 A 材料以外的食材全部放入焖烧罐里，倒
入热水至没过食材，关紧盖子。

2 沥干 & 加入热水

静置 2 分钟后，将步骤 1 的盖子打开，将滤
网或内盖平贴于瓶口，将焖烧罐里的热水沥
掉，同时注意不要将食材倒出来，之后加入
A 材料，快速搅拌后倒入热水，关紧盖子。

21

利用鸡肉增加饱足感

鸡肉香菇汤

恢复
疲劳

材料

鸡胸绞肉…40g

▶ 淋上 1/2 大匙的白酒，拌匀

杏鲍菇、鸿禧菇…各 30g

▶ 切成容易食用的大小

培根…1/2 片 ▶ 切成 4mm 宽

洋葱…1/6 个（30g）▶ 切片

芹菜…5g ▶ 切片

A ┌ 浓缩鸡汤粉…1/2 小匙
　├ 白酒…1 大匙
　└ 热水…200mL

橄榄油…1 小匙

盐、胡椒…各少许

制作方法

1　将热水倒入焖烧罐，关上盖子预热。

2　将橄榄油倒入平底锅加热，用小火拌炒洋葱和芹菜。变软后改用中火，加入培根、杏鲍菇和鸿禧菇快速翻炒。加入鸡胸绞肉，一边将绞肉打散一边翻炒，接着加入 A 材料，煮沸后加入盐、胡椒，调味后关火。

3　将焖烧罐中步骤 1 预热的热水倒掉，倒入步骤 2 的汤品后关紧盖子。

汤里的蒜头对夏日疲惫有很大功效

猪肉西葫芦汤

恢复
疲劳

材料

猪绞肉…40g ▶ 淋上 1/2 大匙的白酒

西葫芦…1/4 条（40g）

▶ 5mm 厚的银杏切 ※

洋葱…1/6 个（30g）▶ 切末

芹菜…20g ▶ 切片

蒜头…1/4 块 ▶ 切片

孜然…1/4 小匙

A ┌ 浓缩鸡汤粉…1/2 小匙
　├ 白酒…1 大匙
　└ 热水…200mL

橄榄油…1 小匙

盐、胡椒…各少许

制作方法

1　将热水倒入焖烧罐，关上盖子预热。将橄榄油倒入平底锅加热，用小火拌炒蒜头、孜然，待香气出来后改用中火，加入西葫芦、洋葱、芹菜和猪肉继续翻炒。

2　待肉的颜色改变后，加入 A 材料煮沸，加入盐、胡椒调味后关火。

3　将焖烧罐中步骤 1 预热的热水倒掉，倒入步骤 2 的汤品后关紧盖子。

※ 银杏切：将蔬菜切成扇形的银杏叶状。将萝卜、胡萝卜和芜菁等蔬菜纵向十字形切开，然后切片，厚度不拘。

发挥香料效用，给予身体温暖的西式汤品

红椒肉丸汤

改善
虚冷

材料

红椒…1/4 个（30g）▶切条

牛、猪混合绞肉…50g

　▶加入红酒 1 大匙、盐、胡椒和肉豆
　蔻各少许后，搅拌至产生黏性

圆白菜…2/3 片（40g）▶切成大块

洋葱…1/5 个（40g）▶切片

芹菜…40g ▶切片

A 　辣椒粉…1 小匙
　　凯焰辣椒或一味唐辛子…少许

盐、胡椒…各少许

橄榄油…1 小匙

热水…200mL

制作方法

1 预热 & 拌炒食材

将热水倒入焖烧罐，关上盖子预热。将橄榄
油倒入平底锅加热，用小火拌炒洋葱、芹菜，
待食材变软后改用中火，加入剩下的蔬菜一
起翻炒。

2 烹煮

加入热水、浓缩牛肉清汤粉，用汤匙将绞肉
制成一口大小的丸子状，放进锅里。煮沸后
加入 A 材料，加入盐、胡椒调味后关火。

3 装入焖烧罐

将焖烧罐中步骤 1 预热的热水倒掉，倒入步
骤 2 的汤品后关紧盖子。

增加饱足感，加了面麸的菜汤

苹果生姜汤

改善饮酒过多

材料

苹果…1/4 个（60g）▶银杏切

姜泥…1 大匙

洋葱…1/6 个（30g）▶磨成泥

小町麸…6 个（7g）

白酒…1 大匙

浓缩鸡汤粉…1/2 小匙

盐…少许

热水…100mL

制作方法

1 预热

将热水倒入焖烧罐，关上盖子预热。

2 烹煮

将热水、浓缩鸡汤粉放入锅里，煮沸后放入洋葱、苹果和白酒煮至沸腾，加入盐调味后关火。

3 装入焖烧罐

将焖烧罐中步骤 1 预热的热水倒掉，放入小町麸、步骤 2 的汤品和姜泥后关紧盖子。

重 点

饮酒过量时，建议食用苹果和生姜。生姜具有止吐的效果。

将富含胡萝卜素的胡萝卜磨成泥

胡萝卜面包汤

提升女
性魅力

材料

胡萝卜…1/2 根（60g）▶磨成泥

吐司（较硬的种类）

　　…1/4 片（8 片切、20g）

　　▶切成 1cm 丁块状

洋葱…1/5 个（40g）▶切末

芹菜…20g ▶切片

火腿…2 片 ▶切成 1cm 宽

浓缩鸡汤粉…1/2 小匙

奶油…10g

盐、胡椒…各少许

热水…200mL

制作方法

1 预热 & 拌炒食材

将热水倒入焖烧罐，关上盖子预热。将奶油放进平底锅，加热融化后用小火拌炒洋葱、芹菜，待食材变软后改用中火，加入胡萝卜、火腿快速翻炒。

2 烹煮

将热水、浓缩鸡汤粉放入锅里，煮沸后加入盐调味，关火。

3 装入焖烧罐

将焖烧罐中步骤 1 预热的热水倒掉，放入步骤 2 的汤品和吐司后关紧盖子。

优质蛋白质和提味食材的组合

鹰嘴豆汤

提升女
性魅力

材料

鹰嘴豆（水煮）…30g

培根…1 片 ▶ 切成 8mm 宽

洋葱…1/6 个（30g）▶ 切片

芹菜…20g ▶ 切片

咖喱粉…1/2 小匙

浓缩清汤粉…1/2 小匙

盐、胡椒…各少许

橄榄油…1 小匙

热水…200mL

制作方法

1 预热 & 拌炒食材

将热水倒入焖烧罐，关上盖子预热。将橄榄油
放入平底锅加热，用小火拌炒洋葱、芹菜和培
根。待食材变软后改用中火，加入鹰嘴豆、咖
喱粉快速翻炒。

2 烹煮

将热水、浓缩清汤粉放入锅里，煮沸后加入盐
调味，关火。

3 装入焖烧罐

将焖烧罐中步骤 1 预热的热水倒掉，放入步骤
2 的汤品后关紧盖子。

菠菜笔管面汤

恢复疲劳

PART 1

法式清汤风味

材料

菠菜…2 小棵（30g）▶切段

香肠…2 条 ▶斜切成 1cm 厚

洋葱…1/6 个（30g）▶切片

芹菜…20g ▶切片

A ┌ 短面（笔管面）…20g
  │ 浓缩鸡汤粉…1/2 小匙
  └ 盐、胡椒…各少许

热水…250mL

制作方法

1 食材和焖烧罐的预热

将 A 材料以外的食材全部放入焖烧罐里，倒入热水至没过食材，关紧盖子。

2 沥干 & 加入热水

静置 2 分钟后，将步骤 1 的盖子打开，将滤网或内盖平贴于瓶口，将焖烧罐里的热水沥掉，同时注意不要将食材倒出来。加入 A 材料，快速搅拌后倒入热水，关紧盖子。

重点

保温焖烧的短面在 4 ~ 5 小时后食用最为美味。

肉桂香气扩散的汤品充满温热香甜的感觉

红薯梅干甜汤

消除
便秘

材料

红薯…1/6 条（50g）

　▶不去皮，4mm 厚的银杏切

梅干…3 个（20g）

　▶快速冲洗后切成大块

洋葱…1/5 个（40g）▶切成月牙形

肉桂条…1 条　▶折成 2cm 长

A ⎰ 浓缩鸡汤粉…1/2 小匙
　⎱ 奶油…5g
　　盐、胡椒…各少许

热水…200mL

制作方法

1 预热

将热水倒入焖烧罐，关上盖子预热。

2 用微波炉加热

将红薯、洋葱放入耐热容器，盖上保鲜膜，用微波炉加热 2 分钟。

3 沥干 & 加入热水

将焖烧罐中步骤 1 预热的热水倒掉，放入步骤 2 的汤品、梅干、肉桂和 A 材料后快速搅拌，倒入热水，关紧盖子。

重点

虚冷而导致便秘时，建议食用红薯和梅干。

品尝热呼呼的山药口感

秋葵山药
鸡肉丸汤

恢复
疲劳

材料

秋葵…3 根（30g）▶ 切成 5mm 厚

山药…60g ▶ 切成 1cm 丁块状

鸡胸绞肉…50g

A ⎡ 白酒…1/2 大匙

⎣ 洋葱泥…1/2 大匙

芹菜…20g ▶ 切碎

B ⎡ 浓缩鸡汤粉…1/2 小匙

⎣ 白酒…1/2 大匙

盐、胡椒…各少许

水…200mL

制作方法

1 将热水倒入焖烧罐，关上盖子预热。将 A 材料放入绞肉中，持续搅拌至绞肉产生黏性。

2 将水、山药、芹菜和 B 材料放入锅里加热，煮沸后用汤匙将步骤 1 的绞肉做成一口大小的丸子状，放入锅里。再次煮沸后放入秋葵，加入盐、胡椒调味后关火。

3 将焖烧罐中步骤 1 预热的热水倒掉，倒入步骤 2 的汤品后关紧盖子。

还有大量的健康魔芋

大豆香肠汤

恢复
疲劳

材料

大豆（水煮）…30g

香肠…2 条 ▶ 切成 8mm 厚

魔芋…1/8 片（20g）

▶ 把厚度切成一半后，切成 1.5cm 长

洋葱…1/6 个（30g）▶ 切片

芹菜…20g ▶ 切末

橄榄油…1/2 小匙

A ⎡ 浓缩牛肉清汤粉…1/2 小匙

⎢ 白酒…1 大匙

⎣ 热水…200mL 多

盐、胡椒…各少许

制作方法

1 将热水倒入焖烧罐，关上盖子预热。将魔芋放入平底锅，用小火干煎，将水分完全收干。改用中火，放入橄榄油、洋葱、芹菜和香肠快速翻炒。

2 加入 A 材料、大豆，煮沸后加入盐、胡椒调味，关火。

3 将焖烧罐中步骤 1 预热的热水倒掉，倒入步骤 2 的汤品后关紧盖子。

亲手制作蔬菜高汤

为大家介绍只需熬煮香味蔬菜即可完成的高汤制作法。利用空闲时间一次制作出较多分量，就可以代替浓缩鸡汤粉或清汤粉，不仅有大量的蔬菜甜味，而且更健康！

材料（约1L）

洋葱…3/4个（150g）
胡萝卜…1/4根（50g）
芹菜茎…1/2根（60g）
水…1.5L

〈法国香草束〉（市售品亦可）

芹菜的叶、茎…2支
月桂叶…1片
香芹（茎）…2支
百里香…2支（如果没有，就使用百里香粉1/2小匙）

▶ 用绳子将所有的材料绑成束
▶ 若使用百里香粉，则要将百里香粉装入茶包

制作方法

1 准备材料

分别将洋葱、胡萝卜和芹菜茎切碎。

2 放入锅里

将步骤1准备好的食材放入锅里。

3 放入法国香草束

将法国香草束放在步骤2的蔬菜上面（百里香粉也在这时加入）。

4 加水熬煮

将水加入步骤3中，用略小的中火加热。煮沸后去除浮渣，炖煮30分钟。

5 过滤高汤

用过滤器将炖煮过的蔬菜滤掉。

6 将过滤的高汤放凉

保存前将高汤放凉。

7 装入保鲜袋

将大约250mL的分量装入保鲜袋中，共分装成4袋。

8 平铺放入冷冻库

步骤7的高汤完全冷却后，除去袋内空气，封紧袋口。平铺在托盘上，放入冰箱冷冻（约可存放1个月）。

用来制作汤品时，要在使用的前一天移至冷藏库解冻。由于含有高汤，可以用来代替食谱中的水（热水）。过滤后的蔬菜可直接食用，或者混合在沙拉里，作为料理使用。

清爽、迎合大众口味

浓汤风味

如果午餐时分可以品尝到
香醇且温暖的乳制汤品，
幸福感肯定会大增。
牛奶、豆浆、鲜奶油乳制品
要加热后再放入焖烧罐。

使玉米浓汤更加香醇浓厚的温和口感

玉米浓汤

里面有
这些食材

鸡胸肉　　洋葱

芹菜　　　小麦粉

浓缩鸡汤粉

牛奶　　　玉米罐头

提升女
性魅力

材料

玉米罐头（奶油口味）…1/2 罐（100g）

鸡胸肉…30g

　▶削片，淋上 1/2 大匙的白酒

洋葱…1/6 个（30g）▶切片

芹菜…30g ▶切片

浓缩鸡汤粉…1/3 小匙

牛奶…100mL

　▶加入 1 小匙小麦粉后搅拌

盐、胡椒…各少许

水…100mL

制作方法

1 预热

将热水倒入焖烧罐，关上盖子预热。

2 烹煮

将水、玉米、洋葱和芹菜放入锅里加热。煮沸后加入鸡肉、浓缩鸡汤粉，待鸡肉变色后加入牛奶充分搅拌，再次沸腾后加入盐、胡椒调味，关火。

3 装入焖烧罐

将焖烧罐中步骤 1 预热的热水倒掉，将步骤 2 的汤品倒入，关紧盖子。

重点

玉米具有消除水肿的效果。
增加浓稠度的小麦粉要充分搅拌，避免黏在一起。

暖呼呼的南瓜与肉桂风味增添美味

南瓜牛奶汤

里面有
这些食材

南瓜　　鸡绞肉

洋葱泥　　肉桂粉

小麦粉

牛奶　　浓缩鸡汤粉

改善
虚冷

材料

南瓜…4 等份的 1/5（80g）

▶ 切成 2cm 丁块状

鸡绞肉…40g ▶ 淋上 1/2 大匙的白酒

洋葱泥…1 大匙

肉桂粉…少许

浓缩鸡汤粉…1/3 小匙

牛奶…150mL

▶ 加入 1 小匙小麦粉后搅拌

盐、胡椒…各少许

热水…100mL

制作方法

1 预热

将热水倒入焖烧罐，关上盖子预热。

2 烹煮

将热水、南瓜、洋葱和浓缩鸡汤粉放入锅里加热。煮沸后加入绞肉，轻轻打散。待鸡肉变色后加入牛奶充分搅拌，再次沸腾后加入盐、胡椒调味，关火。

3 装入焖烧罐

将焖烧罐中步骤 1 预热的热水倒掉，将步骤 2 的汤品、肉桂粉倒入，关紧盖子。

咖喱粉为牛奶的香醇提味

海鲜浓汤

提升女
性魅力

改善
虚冷

材料

综合海鲜（冷冻）…50g

西兰花…20g ▶分成小朵

洋葱…1/5 个（40g）▶切碎

芹菜…20g ▶切碎

香菇…1 朵 ▶切片

咖喱粉…1 小匙

奶油…5g

A ┌ 牛奶…150mL
  │ 鲜奶油…1/2 大匙
  │ 浓缩鸡汤粉…1/3 小匙
  └ 热水…50mL

盐、胡椒…各少许

制作方法

1 预热

将热水倒入焖烧罐，关上盖子预热。

2 拌炒 & 烹煮食材

将奶油放入平底锅，加热融化后，用小火快速翻炒洋葱、芹菜和香菇。待食材变软后改用中火，加入综合海鲜、咖喱粉后拌炒。所有食材都裹上奶油后，加入西兰花、A 材料，煮沸后加入盐、胡椒调味后关火。

3 装入焖烧罐

将焖烧罐中步骤 1 预热的热水倒掉，将步骤 2 的汤品倒入，关紧盖子。

用微波炉加热，加快调理速度

小白菜火腿豆浆汤

提升女
性魅力

材料

小白菜…2 大棵（60g） ▶切段

火腿…2 片 ▶切成 1cm 宽

洋葱…1/5 个（40g） ▶切片

豆浆…180mL

A ⎡ 浓缩鸡汤粉…1/2 小匙
　⎣ 盐、胡椒…各少许

制作方法

1 食材和焖烧罐的预热

将洋葱、小白菜放入焖烧罐，倒入热水至没过食材后关紧盖子。

2 用微波炉加热

将豆浆、火腿放入耐热容器，盖上保鲜膜，用微波炉加热 1 分 40 秒。

3 沥干 & 倒入焖烧罐

静置 2 分钟后，将步骤 1 的盖子打开，将滤网或内盖平贴于瓶口，将焖烧罐里的热水沥掉，同时注意不要将食材倒出来，加入 A 材料，快速搅拌后加入步骤 2 的食材，关紧盖子。

只要使用鲜奶油，满足感就会随之提升

扁豆牛奶汤

恢复
疲劳

材料

扁豆（罐头）…50g

鸡胸肉…30g

　▶削片，淋上 1/2 大匙的白酒

洋葱…1/6 个（30g）▶切片

西兰花…30g ▶分成小朵

小麦粉…1 小匙

　▶用 1 大匙的水溶解

鲜奶油…50mL

浓缩鸡汤粉…1/3 小匙

盐、胡椒…各少许

水…150mL

制作方法

1 预热

将热水倒入焖烧罐，关上盖子预热。

2 烹煮

将水、洋葱放入锅里加热，煮沸后加入鸡肉、扁豆和浓缩鸡汤粉。待鸡肉颜色改变后加入青花菜、鲜奶油和小麦粉，充分搅拌，再次沸腾后加入盐、胡椒调味，关火。

3 装入焖烧罐

将焖烧罐中步骤 1 预热的热水倒掉，倒入步骤 2 的汤品后关紧盖子。

用切片器削出土豆片

土豆鲜虾
牛奶汤

恢复
疲劳

材料

土豆…2/3 小个（50g）
　▶用切片器切成薄片，泡水后沥干
剥壳虾…30g
洋葱…1/5 个（40g）▶切碎
芹菜…30g ▶切碎
浓缩鸡汤粉…1/2 小匙
牛奶…100mL
　▶加入 1 小匙小麦粉后搅拌
盐、胡椒…各少许
水…100mL

制作方法

1 将热水倒入焖烧罐，关上盖子预热。

2 将水、洋葱、芹菜和土豆放入锅里加热。煮沸后放入虾子，快速煮沸后加入牛奶、浓缩鸡汤粉，充分搅拌。再次煮沸后加入盐、胡椒调味，关火。

3 将焖烧罐中步骤 1 预热的热水倒掉，倒入步骤 2 的汤品后关紧盖子。

美味食材的组合，只要快速沥干即可

香菇牛奶汤

消除
便秘

材料

鸿禧菇、杏鲍菇…共计 50g
　▶切成容易食用的大小
洋葱…1/6 个（30g）
　▶切碎
芹菜…20g ▶切碎
培根…1 片 ▶切成 5mm 宽
牛奶…180mL

A｛ 浓缩鸡汤粉…1/3 小匙
　　盐、胡椒…各少许

制作方法

1 将所有蔬菜和香菇放入焖烧罐，倒入热水至没过食材，关紧盖子。

2 将牛奶和培根放入耐热容器，盖上保鲜膜，用微波炉加热 2 分钟。

3 静置 2 分钟后，将步骤 1 的盖子打开，将滤网或内盖平贴于瓶口，将焖烧罐里的热水沥掉，同时注意不要将食材倒出来。加入 A 材料，快速搅拌后加入步骤 2 的食材，关紧盖子。

从内散发美丽的橘色汤品

鳕鱼豆腐胡萝卜浓汤

改善眼睛疲劳

改善虚冷

材料

胡萝卜…1/2 根（60g）▶磨成泥

鳕鱼豆腐…20g

　　▶厚度切成一半，切成 8mm 丁块状

A ┌ 牛奶…150mL
　│ 　▶加入 1 小匙小麦粉后搅拌
　│ 肉桂…少许
　│ 浓缩鸡汤粉…1/3 小匙
　└ 热水…50mL

奶油…10g

盐、胡椒…各少许

制作方法

1 预热 & 拌炒食材

将热水倒入焖烧罐，关上盖子预热。将奶油放入平底锅加热融化，放入洋葱、胡萝卜快速翻炒。

2 烹煮

将 A 材料加入，煮沸后加入盐、胡椒调味，关火。

3 装入焖烧罐

将焖烧罐中步骤 1 预热的热水倒掉，加入鳕鱼豆腐、步骤 2 的汤品后关紧盖子。

重点

为了有效发挥胡萝卜的甜味，不要放入太多盐。

传统的白汤也可以通过微波炉的组合搭配快速制作

蛤蜊巧达浓汤

恢复
疲劳

材料

花蛤（罐头）…30g

花蛤罐头的汤汁…50mL

　▶若分量不足就加水

洋葱…1/6 个（30g）▶切碎

芹菜…10g ▶切碎

磨菇…3 朵 ▶切片

培根…1/2 片 ▶切成 5mm 宽

土豆…1/2 小个（40g）

　▶切成 8mm 丁块状

胡萝卜…1/6 根（20g）

　▶切成 8mm 丁块状

牛奶…150mL ▶加入 1 小匙小麦粉后搅拌

A ┃ 浓缩鸡汤粉…1/2 小匙
　┃ 盐、胡椒…各少许

制作方法

1 食材和焖烧罐的预热

将洋葱、芹菜、花蛤和磨菇放入焖烧罐，倒入热水至没过食材，关紧盖子。

2 用微波炉加热

将牛奶、花蛤汤汁、培根、土豆和胡萝卜放入耐热容器中，盖上保鲜膜，用微波炉加热 2 分钟。

3 沥干 & 倒入焖烧罐

静置 2 分钟，将步骤 1 的盖子打开，将滤网或内盖平贴于瓶口，将焖烧罐里的热水沥掉，同时注意不要将食材倒出来。加入 A 材料，快速搅拌后倒入步骤 2 的食材，依个人喜好撒上香芹，关紧盖子。

香醇的豆浆是抗老化的菜色

牛蒡豆浆汤

消除
便秘

材料

牛蒡…15cm（30g）▶削成薄片

洋葱…1/6 个（30g）▶切片

芹菜…30g ▶切片

培根…1 片 ▶切成 5mm 宽

豆浆…120mL

　▶加入 1 小匙小麦粉后搅拌

浓缩鸡汤粉…1/3 小匙

橄榄油…1 小匙

盐、胡椒…各少许

热水…100mL

制作方法

1 预热

将热水倒入焖烧罐，关上盖子预热。

2 拌炒 & 烹煮食材

将橄榄油放入平底锅加热，用小火拌炒洋葱、芹菜，待食材变软后改用中火，加入牛蒡、培根后快速翻炒。所有食材都裹上油之后，加入热水、豆浆和浓缩鸡汤粉，充分搅拌至煮沸。加入盐、胡椒调味后关火。

3 装入焖烧罐

将焖烧罐中步骤 1 预热的热水倒掉，将步骤 2 的汤品倒入，关紧盖子。

暖胃，身体变得暖暖的

圆白菜杂粮意大利风味汤

PART 2

浓汤风味

改善饮酒过多

改善暴食

材料

圆白菜…1 片（60g）▶切成 1cm 宽

洋葱…1/6 个（30g）▶切片

杂粮…1 大匙

蒜头…1/2 块 ▶切片

火腿…2 片 ▶切成 8mm 宽

奶酪粉…1 小匙

牛奶…150mL

　　▶加入 1 小匙小麦粉后搅拌

浓缩鸡汤粉…1/2 小匙

橄榄油…1 小匙

盐、胡椒…各少许

热水…50mL

制作方法

1 食材和焖烧罐的预热

将杂粮放入焖烧罐，倒入热水，关紧盖子预热。

2 拌炒 & 烹煮食材

将橄榄油放入平底锅加热，用小火拌炒蒜头，待香气出来后改用中火拌炒洋葱，加入圆白菜、火腿和浓缩鸡汤粉翻炒。所有食材都裹上油之后，加入热水和牛奶，充分搅拌至煮沸。撒上奶酪粉，加入盐、胡椒调味后关火。

3 装入焖烧罐

将焖烧罐中步骤 1 预热的热水倒掉，将滤掉热水的杂粮和步骤 2 的汤品倒入，关紧盖子。

充分发挥食材美味，营养满分且充满饱足感

三文鱼菠菜浓汤

恢复
疲劳

改善
虚冷

材料

生三文鱼…1/2 块（40g）

　▶ 切成 2cm 大小

菠菜…2 小棵（30g）▶ 切段

洋葱…1/6 个（30g）▶ 切末

芹菜…30g ▶ 切末

A
白酒…1 小匙

牛奶…150mL

　▶ 加入 1 小匙小麦粉后搅拌

浓缩鸡汤粉…1/2 小匙

热水…50mL

橄榄油…1 小匙

盐、胡椒…各少许

制作方法

1 预热

将热水倒入焖烧罐，关上盖子预热。

2 拌炒 & 烹煮食材

将橄榄油放入平底锅加热，用小火拌炒洋葱、芹菜。待食材变软后改用中火，加入三文鱼轻轻翻炒，再加入菠菜一起拌炒。所有食材都裹上油之后，加入A 材料充分混合。再次沸腾后加入盐、胡椒调味，关火。

3 装入焖烧罐

将焖烧罐中步骤 1 预热的热水倒掉，将步骤 2 的汤品倒入，关紧盖子。

传统组合加上提味的培根

鳕鱼土豆浓汤

恢复疲劳　改善虚冷

材料

鳕鱼…1/2 块（40g）▶ 切成 2cm 大小

土豆…1/2 小个（40g）

　　▶ 用切片器削成薄片，泡水后沥干

洋葱…1/5 个（40g）▶ 切片

芹菜（带叶）…30g ▶ 切碎

培根…1/2 片 ▶ 切成 5mm 宽

牛奶…100mL

　　▶ 加入 1 小匙小麦粉后搅拌

A ┌ 咖喱粉…1 小匙
　└ 浓缩鸡汤粉…1/2 小匙

橄榄油…1 小匙

盐、胡椒…各少许

热水…50mL

制作方法

1 将热水倒入焖烧罐，关上盖子预热。

2 将橄榄油放入平底锅加热，用小火拌炒洋葱、芹菜、培根，待食材变软后改用中火，加入鳕鱼、土豆快速翻炒。加入 A 材料、热水和牛奶后充分搅拌。再次煮沸后加入盐、胡椒调味，关火。

3 将焖烧罐中步骤 1 预热的热水倒掉，倒入步骤 2 的汤品后关紧盖子。

善用市售的浓汤块

综合豆类与金枪鱼牛奶汤

消除便秘

材料

综合豆类…60g

金枪鱼罐头…40g ▶ 沥掉汤汁

洋葱…1/6 个（30g）▶ 切片

芹菜（带叶）…30g ▶ 切片

浓汤块…20g ▶ 切片

牛奶…120mL

热水…100mL

制作方法

1 将洋葱、芹菜和综合豆类放入焖烧罐，倒入热水至没过食材，盖上盖子。

2 将牛奶和金枪鱼放入耐热容器中，盖上保鲜膜，用微波炉加热 2 分钟。

3 静置 2 分钟后，将步骤 1 的盖子打开，将滤网或内盖平贴于瓶口，将焖烧罐里的热水沥掉，同时注意不要将食材倒出来。加入步骤 2 的食材、浓汤块和热水，关紧盖子。

搭配汤品的绝佳主食

用焖烧罐制作的汤便当内含丰富且大量的食材，搭配米饭或面包等主食，就可以有饱足感。下面为您介绍不需花费太多时间就可快速制作完成的主食。

米饭

发芽糙米

不仅有 GABA（γ- 氨基丁酸）所带来的疗愈效果，同时具有瘦身功效。最适合疲劳时或暴食时食用。

制作方法　依照包装标示，用电锅炊煮发芽糙米（免洗米）。可制作成饭团或盛装在便当盒里，还可依个人喜好撒上黑芝麻。

杂粮饭团

杂粮含有矿物质、食物纤维，是疲劳时或瘦身时的好伙伴。

制作方法（4 个较小的饭团）
炊煮 1 杯白米时，用筛子快速汆烫15g的杂粮，放入电锅，同白米一起炊煮。将炊煮好的米饭分成 4 等份，制作成饭团。

梅子饭团

梅子所含的柠檬酸具有恢复疲劳的效果，建议和恢复疲劳的汤品一起食用。

制作方法（4 个饭团）
炊煮 1 杯白米。将白饭放入碗里，撒上少许的盐，充分搅拌均匀，分成 4 等份，制作成饭团，最后塞入一个梅子。

炊煮一杯白米 180mL（一合）。

海苔饭团

海苔所富含 β- 胡萝卜素具有抗氧化作用，同时具有止咳化痰、提高记忆力的效果。

制作方法（4 个饭团）
炊煮 1 杯白米。将白饭放入碗里，撒上少许的盐，充分搅拌均匀，分成 4 等份，制作成饭团，最后卷上海苔。

两个为一餐的基本分量，剩下的可用保鲜膜包好，放入冰箱冷冻保存。

面包

蒜头具有滋养强壮的功效，并有强大的杀菌力，希望提升女性魅力或感冒初期时很适合食用。

制作方法（1/2 个长条吐司）
将长条吐司切成容易食用的大小。抹上11 页的蒜油，用烤箱烤至焦黄。可冷冻保存。

香蒜吐司

乡村面包
（Pain de campagne）

乡村面包是非常适合搭配汤品食用的面包。搭配清汤、番茄风味的浓汤一起食用吧！

制作方法　将乡村面包切片。剩下的部分冷冻保存。

奶油具有恢复疲劳、缓解压力、改善干燥肌肤的效果。胚芽面包则含有大量的维生素、矿物质和食物纤维。

制作方法（6 片装胚芽吐司）
将胚芽吐司对半切，抹上适量的奶油，用烤箱烤至焦黄。

奶油吐司

Part 3

不费时炖煮，仍有正宗味道

番茄风味

　　焖烧罐本来就是用来保温焖烧煮至软烂的食材。

　　而带有酸味且富含有益健康的 β – 胡萝卜素和茄红素的番茄，

在焖烧罐的调理之下，更能品尝到美味、浓缩的正宗炖煮风味。

将蔬菜切成块后，剩下的交给焖烧罐处理

意大利杂菜汤

里面有
这些食材

培根　　　土豆

青椒　　　洋葱

生姜、辣椒

浓缩鸡汤粉　番茄汁

改善
虚冷

材料

培根…1 片 ▶ 切成 8mm 宽

洋葱…1/6 个（30g）

　▶ 切成 1cm 丁块状

土豆…1/2 小个（40g）

　▶ 切成 1cm 丁块状

青椒…1/2 个（15g）

　▶ 切成 1cm 丁块状

生姜…少许 ▶ 切丝

A {
　番茄汁…150mL
　辣椒…1 小条
　浓缩鸡汤粉…1/4 小匙
　水…100mL
}

盐、胡椒…各少许

制作方法

1 预热 & 拌炒食材

将热水倒入焖烧罐，关上盖子预热。平底锅不放油，直接用小火拌炒培根，培根的油脂溢出后改用中火，加入洋葱、土豆翻炒。

2 烹煮

加入 A 材料、青椒和生姜，煮沸后加入盐、胡椒调味，关火。

3 装入焖烧罐

将焖烧罐中步骤 1 预热的热水倒掉，将步骤 2 的汤品倒入，关紧盖子。

重点

直接使用整条辣椒，就可以产生适中的辣味，这种辣味能够温暖暖身体。

纽约诞生的巧达浓汤，可搭配咸饼一起食用

曼哈顿风味的蛤蜊巧达浓汤

里面有
这些食材

文蛤

土豆

培根

洋葱

胡萝卜

芹菜

辣椒、
月桂叶

百里香、
浓缩鸡汤粉

改善
暴食

材料

文蛤…3 小个（净重 40g）

洋葱…1/10 个（20g）▶切片

芹菜…10g ▶切片

胡萝卜…1/6 根（20g）▶切成 1cm 丁块状

土豆…1/2 小个（40g）▶切成 1cm 丁块状

培根…1/2 片 ▶切成 5mm 宽的条状

A
┌ 浓缩鸡汤粉…1/4 小匙
│ 辣椒…1 大条
│ 百里香…少许
│ 月桂叶…1 片
│ 番茄汁…150mL
└ 水…50mL

盐、胡椒…各少许

制作方法

1 文蛤的事前处理

锅里装入 50mL 的水，将文蛤煮开口后取出文蛤肉，切成容易食用的大小。

2 预热 & 烹煮

将热水倒入焖烧罐，关上盖子预热。将 A 材料、所有蔬菜和培根放入步骤 1 中剩余汤汁的锅子里，快速煮沸。加入步骤 1 的文蛤肉、盐和胡椒，煮沸后关火，取出月桂叶。

3 装入焖烧罐

将焖烧罐中预热的热水倒掉，将步骤 2 的汤品倒入，关紧盖子。

新鲜番茄的绝妙酸味超美味

简易马赛鱼汤

提升女性魅力

材料

综合海鲜（冷冻）…40g

洋葱…1/5 个（40g）▶ 切碎

芹菜…30g ▶ 切末

番茄…1 小个（100g）▶ 切碎

蒜头…1/4 块 ▶ 切末

A ⎡ 日式高汤粉…1/3 小匙
  ⎣ 番红花（可有可无）…1 撮

橄榄油…1/2 大匙

盐、胡椒…各少许

热水…200mL

制作方法

1 预热 & 拌炒食材

将热水倒入焖烧罐，关上盖子预热。将橄榄油放入平底锅加热，用小火拌炒蒜头，散出香气后改用中火，加入洋葱、芹菜和番茄翻炒。

2 烹煮

加入热水、综合海鲜和 A 材料，煮沸后加入盐、胡椒调味。

3 装入焖烧罐

将焖烧罐中步骤 1 预热的热水倒掉，将步骤 2 的汤品倒入，关紧盖子。

> **重点**
>
> 可用鳕鱼代替综合海鲜。

清爽的刺激辣味

扁豆辣酱汤

提升女
性魅力

消除
便秘

材料

扁豆（罐头）…50g ▶沥掉汤汁

牛、猪混合绞肉…30g

　　▶混入 1 大匙红酒

洋葱…1/5 个（40g）▶切末

芹菜…30g ▶切末

胡萝卜…1/4 根（30g）▶切末

蒜头…1/4 块（30g）▶切末

A ｛ 浓缩牛肉清汤粉…1/4 小匙
　　盐、胡椒…各少许
　　肉豆蔻（可有可无）…少许
　　番茄汁…150mL
　　热水…50mL

橄榄油…1 小匙

一味唐辛子…少许

制作方法

1 预热 & 拌炒食材

将热水倒入焖烧罐，关上盖子预热。将橄榄油放入
平底锅加热，用小火拌炒蒜头，散出香气后改用中火，
加入扁豆以外的所有蔬菜翻炒。所有食材都裹上油
之后加入绞肉，打散。

2 烹煮

绞肉煮熟后加入扁豆、A 材料，煮沸后关火。

3 装入焖烧罐

将焖烧罐中步骤 1 预热的热水倒掉，将步骤 2 的汤
品加入，撒上一味唐辛子，关紧盖子。

49

米饭在焖烧罐中变得更加松软

番茄炖饭汤

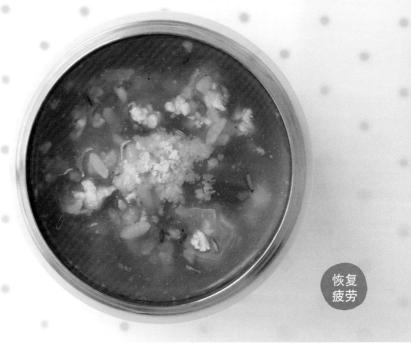

恢复
疲劳

材料

白饭…30g

番茄…1 小个（100g）▶切成大块

洋葱…1/5 个（40g）▶切末

鸡绞肉…40g ▶淋上 1/2 大匙的白酒

A ⎡ 孜然…1/2 小匙
　⎢ 浓缩鸡汤粉…1/3 小匙
　⎣ 盐、胡椒…各少许

奶酪粉…1 大匙

水…150mL

制作方法

1 预热

将热水倒入焖烧罐，关上盖子预热。

2 烹煮

将水、洋葱放入锅里加热，煮沸后加入绞肉、A 材料，一边将绞肉打散，一边煮沸。加入白饭，再次沸腾后关火。最后加入奶酪粉，搅拌均匀。

3 装入焖烧罐

将焖烧罐中步骤 1 预热的热水倒掉，倒入步骤 2 的汤品后关紧盖子。

含有大量夏季蔬菜的汤品

普罗旺斯杂烩汤

提升女
性魅力

材料

茄子…1/2 条（40g）

　▶切成 1cm 丁块状

西葫芦…1/4 条（40g）▶银杏切

洋葱…1/6 个（30g）▶切末

芹菜…30g　▶切片

青椒…1/2 个（20g）

　▶切成 1cm 见方丁状

小番茄…5 个　▶对半切

A ［ 白酒…1 大匙
　　热水…150mL ］

蒜头…1/4 块　▶切片

浓缩清汤粉…1/3 小匙

盐、胡椒…各少许

橄榄油…1/2 大匙

制作方法

1 预热 & 拌炒食材

将热水倒入焖烧罐，关上盖子预热。将橄榄油放入平底锅加热，用小火拌炒蒜头，散出香气之后，改用中火，加入青椒以外的蔬菜快速翻炒。

2 烹煮

加入 A 材料，煮沸后加入青椒和浓缩清汤粉，再次沸腾后加入盐、胡椒，调味后关火。

3 装入焖烧罐

将焖烧罐中步骤 1 预热的热水倒掉，将步骤 2 的汤品倒入，依个人喜好撒上干香芹，关紧盖子。

新鲜番茄味健康面汤

爽口粉丝汤

改善
暴食

材料

粉丝…20g

芜菁…1/2 大个（50g）
  ▶ 切成 4 等份的月牙形后，
    进一步对半横切

圆白菜…1/2 片（30g）
  ▶ 切成 7mm 宽

洋葱…1/5 个（40g）▶ 切片

香菇…1 朵（10g）▶ 切片

小番茄…4 个

浓缩清汤粉…1/3 小匙

白酒…1/2 大匙

盐、胡椒…各少许

水…150mL

制作方法

1 预热

将热水倒入焖烧罐，关上盖子预热。

2 烹煮

将水、圆白菜以外的所有蔬菜和香菇放入锅里加热。
煮沸后加入浓缩清汤粉、圆白菜、白酒和粉丝，再
次沸腾后加入盐、胡椒调味。

3 装入焖烧罐

将焖烧罐中步骤 1 预热的热水倒掉，倒入步骤 2 的
汤品后关紧盖子。

动物性蛋白质＋蔬菜，补充白天的体力

圆白菜香肠**炖汤**

恢复
疲劳

材料

圆白菜…少于 1 片（50g）

  ▶切成大块

香肠…3 条 ▶切成 2cm 长

洋葱…1/10 个（20g）▶切片

胡萝卜…1/6 根（20g）

  ▶切成薄半月形

番茄…1 小个（100g）

  ▶切成大块

A ［ 浓缩鸡汤粉…1/2 小匙
   百里香…少许
   盐、胡椒…各少许

水…150mL

制作方法

1 预热

将热水倒入焖烧罐，关上盖子预热。

2 烹煮

将 A 材料以外的所有食材放入锅里，盖上锅盖加热，煮沸后加入 A 材料，关火。

3 装入焖烧罐

将焖烧罐中步骤 1 预热的热水倒掉，倒入步骤 2 的汤品，再依个人喜好撒上百里香碎末，关紧盖子。

焖烧罐也能制作出美国南部传统的浓郁汤品

秋葵汤饭

恢复
疲劳

材料

牛肉片…40g

　　▶ 淋上 1/2 大匙的红酒、盐、胡椒

秋葵…4 根（50g）▶ 斜切成 1cm 厚

洋葱…1/5 个（40g）▶ 切片

芹菜…25g　▶ 切片

胡萝卜…1/6 根（20g）▶ 切成 5mm 厚的半月形

番茄…1 小个（100g）▶ 切成 1cm 丁块状

蒜头…1/2 块　▶ 切片

A
　浓缩牛肉清汤粉…1/4 小匙
　红酒…1/2 大匙
　肉豆蔻…少许（依个人喜好）
　热水…200mL

橄榄油…1/2 大匙

盐、胡椒…各少许

制作方法

1 预热 & 拌炒食材

将热水倒入焖烧罐，关上盖子预热。将橄榄油放入平底锅加热，用小火拌炒蒜头，散出香气后改用中火，加入洋葱、芹菜快速翻炒，再加入胡萝卜、番茄和牛肉。

2 烹煮

加入 A 材料，煮沸后去除浮渣，加入秋葵，并加入盐、胡椒调味。

3 装入焖烧罐

将焖烧罐中步骤 1 预热的热水倒掉，将步骤 2 的汤品倒入，关紧盖子。

清爽的番茄汁汤底，食欲不佳的日子最适合

鲜虾山药精力汤

恢复
疲劳

材料

鲜虾…3 尾（30g）

▶ 去除虾肠，用适量的盐搓揉清洗
后，淋上 1/2 大匙的白酒，切成
一半厚度

山药…100g ▶5mm 的银杏切

洋葱…1/4 个（50g）▶切片

A ⎰ 番茄汁…150mL
  ⎱ 浓缩鸡汤粉…1/4 小匙
  ⎰ 白酒…1/2 大匙

盐、胡椒…各少许

水…100mL

制作方法

1 预热

将热水倒入焖烧罐，关上盖子预热。

2 烹煮

将水、洋葱和山药放入锅里加热。煮沸后加入 A
材料和沥干汤汁的鲜虾，再次沸腾后用盐、胡椒调
味。

3 装入焖烧罐

将焖烧罐中步骤 1 预热的热水倒掉，倒入步骤 2 的
汤品后关紧盖子。

> **重点**
>
> 山药具有增强活力的功效，疲劳时可以大量摄
> 取。

用奶油和小麦粉增添丰富浓稠口感

鸡肉磨菇**番茄汤**

改善
虚冷

材料

鸡胸肉…30g ▶切成一口大小

磨菇…4 朵 ▶切片

洋葱…1/5 个（40g）▶切片

生姜…1/4 块 ▶切丝

小麦粉…2 小匙

奶油…10g

A ⎧ 番茄汁…150mL
　 ⎨ 浓缩鸡汤粉…少许
　 ⎩ 水…50mL

橄榄油…1/2 大匙

盐、胡椒…各少许

制作方法

1 将热水倒入焖烧罐，关上盖子预热。将橄榄油放入平底锅加热，放入生姜、洋葱和鸡肉快速翻炒。鸡肉变色后加磨菇快速翻炒，放入奶油，融化后撒入小麦粉，均匀翻炒。

2 加入 A 材料，煮沸后加入盐、胡椒调味。

3 将焖烧罐中步骤 1 预热的热水倒掉，倒入步骤 2 的汤品，依个人喜好撒入香芹后关紧盖子。

奶油状成熟风味汤品

鲜虾番茄**浓汤**

恢复
疲劳

材料

剥壳虾…50g ▶淋上 1/2 大匙的白酒

洋葱…1/5 个（40g）▶切片

磨菇…2 朵 ▶切片

蒜头…1/4 块 ▶切片

A ⎧ 番茄汁…150mL
　 ⎪ 浓缩鸡汤粉…1/3 小匙
　 ⎨ 白酒…1/2 大匙
　 ⎩ 水…50mL

鲜奶油…2 大匙

橄榄油…1/2 大匙

盐、胡椒…各少许

制作方法

1 将热水倒入焖烧罐，关上盖子预热。

2 将橄榄油放入平底锅加热，用小火拌炒蒜头，香气散出后改用中火，加入鲜虾、洋葱、磨菇和 A 材料加热。加入鲜奶油，煮沸后加入盐、胡椒调味。

3 将焖烧罐中步骤 1 预热的热水倒掉，倒入步骤 2 的汤品，关紧盖子。

即使没有肉，仍旧能提升活力的食材组合

鹌鹑蛋芦笋汤

恢复
疲劳

材料

鹌鹑蛋（水煮蛋）…4 个（30g）

绿芦笋…2 根（25g）▶切成 2cm 长

土豆…1/2 小个（40g）

　　▶切成 2cm 丁块状

洋葱…1/6 个（30g）

　　▶切成 1cm 丁块状

A ⎡ 番茄汁…120mL
　 ⎣ 浓缩清汤粉…1/3 小匙

盐、胡椒…各少许

水…100mL

制作方法

1 预热

把热水倒入焖烧罐，关上盖子预热。

2 烹煮

将水、洋葱和土豆放入锅里加热，煮沸后加入 A 材料、绿芦笋，再次沸腾后用盐、胡椒调味。

3 装入焖烧罐

将焖烧罐中步骤 1 预热的热水倒掉，放入鹌鹑蛋、步骤 2 的汤品后关紧盖子。

> **重点**
>
> 鹌鹑蛋、绿芦笋可增强活力，对于缓解精神上、肉体上的疲劳十分有效。

冻豆腐不需要泡软就可以使用

冻豆腐圆白菜
清汤

改善
虚冷

材料

冻豆腐（1cm 丁块状）…10g

圆白菜…1/2 片（30g）▶切成 2cm 丁块状

培根…1/2 片 ▶切条

洋葱…1/6 个（30g）▶切片

芹菜…20g ▶切碎

番茄汁…150mL

浓缩鸡汤粉…1/4 小匙

橄榄油…1 小匙

盐、胡椒…各少许

热水…100mL

制作方法

1 将热水倒入焖烧罐，关上盖子预热。将橄榄油放入平底锅加热，放入培根、芹菜、洋葱和圆白菜拌炒。

2 所有食材都裹上油之后，加入热水、番茄汁和浓缩鸡汤粉，煮沸后加入盐、胡椒调味。

3 将焖烧罐中步骤 1 预热的热水倒掉，放入冻豆腐、步骤 2 的汤品，关紧盖子。

- -

耐饿汤品帮你熬过加班时分

鳕鱼和土豆的超分量汤

材料

鳕鱼…1 小块（70g）

　　▶用水清洗，切成一口大小，
　　淋上 1/2 大匙的白酒

土豆…2/3 小个（50g）▶切片

洋葱…1/5 个（40g）▶切片

芹菜…30g ▶切片

番茄…1 小个（100g）▶切成 1cm 丁块状

盐、胡椒…各少许

浓缩清汤粉…1/4 小匙

白酒或白葡萄酒…1 大匙

奥勒冈…少许

水…220mL

恢复
疲劳

制作方法

1 将热水倒入焖烧罐，关上盖子预热。

2 将水和所有蔬菜放入锅里加热。沸腾后加入鳕鱼、酒、奥勒冈和浓缩清汤粉，鳕鱼变色后加入盐、胡椒调味。

3 将焖烧罐中步骤 1 预热的热水倒掉，倒入步骤 2 的汤品，关紧盖子。

Part 4

顶级香气和美味，让心情放松

日式风味

日式的疗愈汤品，只要含上一口，心情就能瞬间平静。

海带、小鱼干的甜味和盐曲的鲜味，

通过焖烧罐的保温性能散发出来，化为渗入体内的美味。

传统日式汤品，享用大量的根菜和猪肉

暖呼呼猪肉汤

里面有
这些食材

猪肉片　　胡萝卜、芋头、
　　　　　白萝卜

牛蒡、魔芋

小鱼干　　味噌

恢复
疲劳

材料

猪肉片…30g ▶ 淋上 1/2 大匙的白酒

白萝卜…1cm（20g）

　　▶ 切成一口大小

胡萝卜…1/12 根（10g）

　　▶ 切成小的滚刀块

牛蒡…5cm（10g）

　　▶ 切成滚刀块，泡醋

芋头…1/2 个（40g）▶ 切成一口大小

魔芋…1/16 片（10g）▶ 切成滚刀块

味噌…2/3 大匙

白酒…1 大匙

小鱼干…9 小尾（2g）

水…220mL

制作方法

1 预热

将热水倒入焖烧罐，关上盖子预热。

2 烹煮

将水、小鱼干、白酒和魔芋以外的根菜类蔬菜放入锅里加热。煮沸后加入猪肉、魔芋，轻轻搅拌。再次沸腾后将味噌融入汤中，关火。

3 装入焖烧罐

将焖烧罐中步骤 1 预热的热水倒掉，倒入步骤 2 的汤品后依个人喜好加入葱花、一味唐辛子，关紧盖子。

重点

熬煮汤底的小鱼干含有丰富的钙质，不要捞出来，与其他食材一起食用。

借生姜的力量使身体温暖

姜汁蛋花汤

里面有
这些食材

生姜

鸡蛋

太白粉

酱油

浓缩日式
清汤粉

提升女
性魅力

改善
虚冷

材料

蛋液…1 个份

姜泥…1 小块的量

太白粉…1 小匙
▶ 用 1 大匙的水溶解

A {
酱油…1 小匙
白酒…1/2 大匙
浓缩日式清汤粉…1/2 小匙
盐…少许
}

万能葱…适量 ▶葱花

热水…200mL

制作方法

1 预热

将热水倒入焖烧罐，关上盖子预热。

2 烹煮

将热水、A 材料放入锅里加热。煮沸后加入太
白粉增加黏稠度，加入生姜、蛋液，鸡蛋浮起
来后慢慢地搅拌，关火。

3 装入焖烧罐

将焖烧罐中步骤 1 预热的热水倒掉，倒入步骤
2 的汤品后加入万能葱，关紧盖子。

重点

虽然可立即食用，但通过焖烧罐的保温性能，
能产生最佳的黏稠感。生姜的辛辣成分可温暖
身体，鸡蛋所含的铁质则具有预防贫血的效果。

酒粕可引出食材的甜味，同时具有温暖身体的功效

三文鱼萝卜酒粕汤

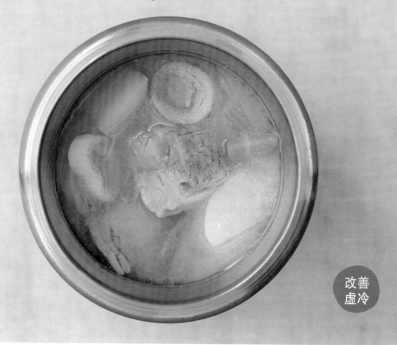

改善
虚冷

材料

生三文鱼…1/2 块（45g）

　▶淋上 1/2 大匙的白酒，切成 2cm 大小

白萝卜…1cm（20g）▶银杏切

土豆…1/4 小个（20g）

　▶5mm 厚的银杏切

洋葱…1/8 个（25g）

　▶切成月牙形，对半横切

胡萝卜…1/12 根（10g）▶银杏切

葱…适量 ▶葱花

A ┌ 酒粕…1 大匙
　│ 白酒…1 大匙
　│ 味噌…2/3 大匙
　└ 浓缩日式清汤粉…1/3 小匙

水…220mL

制作方法

1 预热

将热水倒入焖烧罐，关上盖子预热，同时搅拌 A 材料。

2 烹煮

将水和葱以外的所有蔬菜放入锅里加热。煮沸后，将 A 材料融入汤中，加入三文鱼、葱，再次沸腾后关火。

3 装入焖烧罐

将焖烧罐中步骤 1 预热的热水倒掉，倒入步骤 2 的汤品，关紧盖子。

只要有万能调味料"盐曲"，即使没有浓缩高汤粉也十分美味

猪肉菠菜盐曲汤

恢复
疲劳

材料

猪肉片…40g

菠菜…2 棵（40g）▶切段

白酒…1/2 大匙

盐曲…1/2 大匙

热水…200mL

制作方法

1 预热

将热水倒入焖烧罐，关上盖子预热。

2 烹煮

将热水、盐曲和白酒放入锅里加热。加入猪肉快速煮熟，去除浮渣，加入菠菜后关火。

3 装入焖烧罐

将焖烧罐中步骤 1 预热的热水倒掉，倒入步骤 2 的汤品，关紧盖子。

> **重点**
>
> 盐曲和肉非常对味。通过保温焖烧可引出肉质的香甜，使其更加美味。

低热量＆大量的食物纤维，整锅尽是好料

香菇味噌汤

消除
便秘

材料

鸿禧菇、金针菇、舞茸…共计 70g

　▶切成 3cm 长

油豆腐…1/2 片（20g）

　▶对半纵切成条

味噌…2/3 大匙

白酒…1 大匙

小鱼干…9 小尾（2g）

水…200mL

制作方法

1 预热

将热水倒入焖烧罐，关上盖子预热。

2 烹煮

将水、小鱼干放入锅里加热。煮沸后加入酒、所有的菇类和油豆腐，再次沸腾后将味噌融入汤中，关火。

3 装入焖烧罐

将焖烧罐中步骤 1 预热的热水倒掉，倒入步骤 2 的汤品，依个人喜好加入斜切的万能葱，关紧盖子。

加入乌龙面后分量倍增，只这 1 道就超满足

面片汤

改善
虚冷

材料

乌龙面（干燥）…10g

▶折成容易食用的长度

南瓜…4 等份的 1/10（40g）

▶切成 2cm 大小

鸡腿肉…40g

▶削成片，淋上 1/2 大匙的白酒

白萝卜…1.5cm（30g）▶银杏切

油豆腐…1/2 片（20g）

▶纵向对半切，切成条

葱…1/10 根（10g）▶斜切成 2mm 厚

味增…2/3 大匙

白酒…1 大匙

小鱼干…9 小尾（2g）

水…200mL

制作方法

1 预热

将热水倒入焖烧罐，关上盖子预热。

2 烹煮

将水、小鱼干和白萝卜放入锅里加热。煮沸后加入南瓜、鸡肉、油豆腐和酒，再次沸腾后放入葱，让味噌融入汤中，关火。

3 装入焖烧罐

将焖烧罐中步骤 1 预热的热水倒掉，倒入乌龙面、步骤 2 的汤品，依个人喜好加入花椒粉，关紧盖子。

重点

乌龙面推荐使用稻庭乌龙等较有嚼劲的种类。

高级海带高汤飘散着柚子清香

白肉鱼清汤

恢复疲劳

材料

鳕鱼、鲷鱼等个人喜爱的白肉鱼
　…1 块（80g）▶切成 2cm 大小

白萝卜…2cm（40g）▶银杏切

水菜…1 棵（30g）▶切段

海带…5cm

A ⎡ 低盐酱油…2 小匙
　⎣ 盐…少许

白酒…1 大匙

柚子皮切丝…少许

水…200mL

制作方法

1 预热

将热水倒入焖烧罐，关上盖子预热。

2 烹煮

将水、海带和白萝卜放入锅里加热。煮沸后加入白肉鱼、白酒，再次沸腾后加入 A 材料、水菜，关火。

3 装入焖烧罐

将焖烧罐中步骤 1 预热的热水倒掉，倒入步骤 2 的汤品、柚子皮后，关紧盖子。

松软的大和芋和西洋菜的绝妙组合

大和芋活力汤

材料

大和芋…50g ▶泡完醋后磨成泥

鸡柳…1 条（45g）

　　▶削片后淋上 1/2 大匙的白酒

西洋菜…1 棵（15g）▶切段

白酒…1 大匙

浓缩日式清汤粉…1/3 小匙

A ┌ 酱油…1 小匙
　└ 盐…少许

热水…200mL

制作方法

1 将热水倒入焖烧罐，关上盖子预热。

2 将热水、鸡柳、浓缩日式清汤粉和白酒放入锅里加热。鸡肉变色后加入 A 材料、大和芋，并用汤匙将大和芋切成一口大小，煮至沸腾。

3 将焖烧罐中步骤 1 预热的热水倒掉，倒入步骤 2 的汤品后关紧盖子。

> **重点**
> 因为大和芋有滋养身体的作用，疲劳时可食用。

享受鲜虾口感的浓糊汤品

莲藕泥汤

材料

莲藕…2/3 小节（100g）

　　▶泡过醋后磨成泥

鲜虾…3 尾（30g）▶去除虾肠，用适量的盐搓揉后清洗干净，淋上 1/2 大匙的白酒，切成 8mm 长

鸭儿芹…1 ~ 2 支

　　▶切成容易食用的大小

浓缩日式清汤粉…1/3 小匙

白酒…1 大匙

A ┌ 低盐酱油…1 小匙
　└ 盐…少许

热水…200mL

制作方法

1 将热水倒入焖烧罐，关上盖子预热。

2 将热水、浓缩日式清汤和白酒放入锅里加热，加入莲藕快速搅拌，放入鲜虾后快速煮沸，加入 A 材料后关火。

3 将焖烧罐中步骤 1 预热的热水倒掉，放入鸭儿芹、步骤 2 的汤品，关紧盖子。

可吃到清爽蔬菜的丰富汤品

食材丰富的杂烩汤

消除
便秘

材料

鸡腿肉…30g

> ▶切成 1cm 大小，淋上 1/2 大匙的白酒

牛蒡…10cm（20g）

> ▶切成 3cm 长的薄片，泡醋

胡萝卜…1/6 根（20g）

白萝卜…1.5cm（30g）

魔芋…1/10 片（30g）

> ▶胡萝卜、白萝卜、魔芋全部切成长 3cm、宽
> 1cm 的条状

木绵豆腐…1/4 块（75g）▶切成 1cm 丁块状

白酒…1 大匙

酱油…1 大匙

小鱼干…9 小尾（2g）

水…200mL

制作方法

1 预热

将热水倒入焖烧罐，关上盖子预热。

2 烹煮

将水、小鱼干和根菜类放入锅里加热。煮沸后
加入鸡肉、白酒，鸡肉变色后加入魔芋、豆腐，
再次沸腾后加入酱油，关火。

3 装入焖烧罐

将焖烧罐中步骤 1 预热的热水倒掉，倒入步骤
2 的汤品，并依个人喜好加入少许盐和青紫苏丝，
关紧盖子。

芝麻油炒过的豆腐超美味

豆腐汤

消除
便秘

材料

木绵豆腐…1/3 块（100g）

　▶用厨房纸巾卷起，将水吸干，

　　捏成一口大小

樱花虾…2 大匙

葱…1/5 根（20g）▶切碎

浓缩日式清汤粉…1/3 小匙

白酒…1 大匙

芝麻油…1 小匙

A ⎡ 酱油…1 小匙
　⎣ 盐…少许

热水…250mL

制作方法

1 预热 & 拌炒豆腐

将热水倒入焖烧罐，关上盖子预热。将芝麻油倒入平底锅加热，放入豆腐拌炒。

2 烹煮

加入热水、白酒、浓缩日式清汤、樱花虾和葱，煮沸后加入 A 材料，再次沸腾后关火。

3 装入焖烧罐

将焖烧罐中步骤 1 预热的热水倒掉，倒入步骤 2 的汤品，关紧盖子。

取代菜肴的超分量汤品

青甘鱼萝卜盐曲汤

提升女性魅力

材料

青甘鱼…1 块（80g）
▶ 淋上少许盐和 1/2 大匙的白酒，
切成一口大小

白萝卜…4cm（80g）
▶ 5mm 厚的银杏切

盐曲…1.5 大匙

白酒…1 大匙

海带…5cm

柚子皮…少许

水…200mL

制作方法

1 预热

将热水倒入焖烧罐，关上盖子预热。

2 烹煮

将水、海带和白萝卜放入锅里加热。煮沸后加入青甘鱼、盐曲和白酒，再次沸腾后关火。

3 装入焖烧罐

将焖烧罐中步骤 1 预热的热水倒掉，放入步骤 2 的汤品、柚子皮，关紧盖子。

重点

使用盐曲，在去除鱼腥味的同时，还能增添鲜味。

鲜虾和白味噌的组合十分奢侈

小白菜鲜虾白味噌汤

改善
虚冷

材料

小白菜…2 棵（20g）▶切段

鲜虾…4 尾（40g）

　　▶去除虾肠，用适量的盐搓揉清
　　　洗后，淋上 1/2 大匙的白酒，
　　　将厚度对半切

干香菇…4g ▶切片

浓缩日式清汤粉…1/3 小匙

白酒…1.5 大匙

西京味噌…1.5 大匙

热水…200mL

制作方法

1 预热

将热水倒入焖烧罐，关上盖子预热。

2 烹煮

将热水、鲜虾、浓缩日式清汤粉和白酒放入锅
里加热。煮沸后将味噌融入汤中，加入小白菜，
快速煮沸后关火。

3 装入焖烧罐

将焖烧罐中步骤1预热的热水倒掉，放入干香菇、
步骤 2 的汤品，并依个人喜好加入少许辣椒粉，
关紧盖子。

软烂的红薯超甜、超美味

红薯汤

恢复
疲劳

材料

鸡腿肉…40g
> ▶切成一口大小，淋上 1/2 大匙的白酒

红薯（带皮）…1/7 根（40g）

胡萝卜…1/4 根（30g）

白萝卜…1.5cm（30g）

香菇…1 朵

魔芋…1/10 片（30g）
> ▶所有的蔬菜、香菇、魔芋
> 都以滚刀切成 1cm 大小

万能葱…适量

浓缩日式清汤粉…1/3 小匙

味噌…1 小匙多

白酒…1 大匙

水…200mL

制作方法

1 预热

将热水倒入焖烧罐，关上盖子预热。

2 烹煮

将水、万能葱以外的所有蔬菜和香菇放入锅里加
热。煮沸之后，加入鸡肉、魔芋、浓缩日式清汤
粉和白酒，再次煮沸，鸡肉颜色改变后将味噌融
入汤中，快速沸腾后关火。

3 装入焖烧罐

将焖烧罐中步骤 1 预热的热水倒掉，放入步骤 2
的汤品、万能葱，并依个人喜好加入少许的七味
唐辛子，关紧盖子。

意外的组合令人欣喜

蛤蜊花椰菜日式清汤

恢复
疲劳

材料

花蛤（罐头）…50g

花椰菜…80g　▶分成小朵

葱…1/10 根（10g）▶葱花

A ⎡ 味噌…2 小匙
　 ⎢ 白酒…1 大匙
　 ⎣ 浓缩日式清汤粉…1/3 小匙

热水…200mL

制作方法

1 食材和焖烧罐的预热

将花椰菜放入焖烧罐里，倒入热水至没过食材，关紧盖子。

2 沥干 & 加入热水

静置 2 分钟后，将步骤 1 的盖子打开，将滤网或内盖平贴于瓶口，将焖烧罐里的热水沥掉，同时注意不要将食材倒出来。加入花蛤、葱、A 材料后快速搅拌，倒入热水，关紧盖子。

重点

味噌会逐渐融入汤中，直接放入焖烧罐里即可。

73

令人欣喜的热汤，宛如火锅般的汤品

鳕鱼白菜味噌汤

改善饮
酒过多

材料

鳕鱼…1 块（80g）

白菜…1/2 大片（50g）
　　▶切成 1cm 宽

干香菇…4g▶切片

味噌…2/3 大匙

姜末…1 小块的量

白酒…1 大匙

海带…5cm

柚子皮…少许▶切丝

水…200mL

制作方法

1 预热
将热水倒入焖烧罐，关上盖子预热。

2 烹煮
将水、海带和干香菇放入锅里加热。煮沸后加入鳕鱼、白菜、姜末和白酒，再次煮沸后将味噌融入汤中，关火。

3 装入焖烧罐
将焖烧罐中步骤 1 预热的热水倒掉，放入步骤 2 的汤品、柚子皮，关紧盖子。

Part 5

善用香味蔬菜和香料

中式 & 民族风味

中式或其他亚洲地区风味的简单汤品。

异域风情的酸辣口感，加上干货食材或香味蔬菜。

中式的汤品通过保温焖烧后，变得更加美味！

有着酸辣风味的泰国热门汤品

泰式酸辣汤

里面有
这些食材

鲜虾　　　干香菇

辣椒、生姜

鱼露　　　柠檬

改善饮
酒过多

材料

鲜虾…4 尾（40g）

▶ 去除虾肠，用适量的盐搓揉
清洗后淋上 1/2 大匙的白酒，
切成一半厚度

干香菇…4g ▶ 切片

生姜…1 块 ▶ 切片

辣椒…1 大根

柠檬…1/6 个

鱼露…1 大匙

白酒…1/2 大匙

盐、胡椒…各少许

热水…250mL

制作方法

1 预热

将热水倒入焖烧罐，关上盖子预热。

2 烹煮

将热水、生姜和辣椒放入锅里加热。煮沸后加
入鲜虾、白酒和鱼露，再次煮沸后用盐、胡椒
调味，关火。

3 装入焖烧罐

将焖烧罐中步骤 1 预热的热水倒掉，放入干香
菇、步骤 2 的汤品，挤入柠檬汁，关紧盖子。

花蛤的汤汁和泡菜的浓郁，带出正宗的韩国美味

豆腐蛤蜊奶酪汤

里面有
这些食材

花蛤　　　竹笋

豆腐　　　干香菇

白菜泡菜　浓缩鸡骨汤粉

味噌

恢复
疲劳

材料

嫩豆腐…1/7 块（40g）

▶ 切成一口大小

花蛤（带壳，已吐完沙）…5 个

白菜泡菜…40g ▶ 切成大块

泡菜汤汁…1 小匙

竹笋（水煮）…30g ▶ 切片

葱…适量 ▶ 葱花

干香菇…4g ▶ 切片

浓缩鸡骨汤粉…1/4 小匙

味噌…1/2 小匙

白酒…1 大匙

水…100mL

热水…100mL

制作方法

1 预热

将热水倒入焖烧罐里，关上盖子预热。

2 烹煮

将水、花蛤和白酒放入锅里加热。花蛤开口之后，加入热水、泡菜、浓缩鸡骨汤粉、竹笋、豆腐和味噌，再次煮沸后加入泡菜汤汁，关火。

3 装入焖烧罐

将焖烧罐中步骤 1 预热的热水倒掉，放入干香菇、步骤 2 的汤品、葱，依个人喜好撒上一味唐辛子，关紧盖子。

加入米饭，抗饿的印度风汤品

咖喱风味炖饭

恢复
疲劳

材料

白饭…30g

鸡胸肉…30g

　　▶ 切成一口大小，淋上 1/2 大匙的白酒

洋葱…1/6 个（30g）▶ 切片

青椒…1/2 个（20g）▶ 滚刀块

红椒…1/4 个（30g）▶ 滚刀块

磨菇…2 朵　▶ 切片

A ┌ 浓缩鸡骨汤粉…1/2 小匙
　└ 咖喱粉…1 小匙

橄榄油…1 小匙

盐、胡椒…各少许

热水…220mL

制作方法

1 预热 & 拌炒食材

将热水倒入焖烧罐，关上盖子预热。将橄榄油放入平底锅加热，用小火拌炒洋葱、蘑菇，加入鸡肉。鸡肉变色后加入青椒、红椒，快速翻炒。

2 烹煮

加入热水、A 材料，煮沸后加入盐、胡椒调味，关火。

3 装入焖烧罐

将焖烧罐中步骤 1 预热的热水倒掉，放入步骤 2 的汤品，关紧盖子。

> **重点**
>
> 视个人喜好，在食用之前加入 1 大匙酸奶，可增添酸味，更添泰式风味。

品尝蔬菜、鱼贝和鸡蛋的食材美味

八宝菜汤

恢复
疲劳

材料

芋头…1/2 小个（30g）
　　▶ 切成一口大小

胡萝卜…1/12 根（10g）▶ 银杏切

干香菇…4g ▶ 切片

花椰菜…15g ▶ 分成小朵

竹笋（水煮）…20g ▶ 切片

剥壳虾…30g ▶ 淋上 1/2 大匙的白酒

鹌鹑蛋（水煮）…2 个

葱…1cm（10g）▶ 葱花

A ┌ 白酒…1 大匙
　└ 浓缩鸡骨汤粉…1/2 小匙

酱油…1/2 大匙

胡椒…少许

水…200mL

制作方法

1 预热

将热水倒入焖烧罐，关上盖子预热。

2 烹煮

将水、芋头和胡萝卜放入锅里加热。煮沸后加入花椰菜、竹笋、鲜虾和 A 材料，再次煮沸后加入酱油、胡椒调味，关火。

3 装入焖烧罐

将焖烧罐中步骤 1 预热的热水倒掉，放入干香菇、步骤 2 的汤品、葱和鹌鹑蛋，关紧盖子。

> **重点**
>
> 利用蔬菜的甜味制作出美味的汤品。可以换成冰箱里有的各种蔬菜。

具有消除水肿及利尿功效，最适合夏季食用

玉米蛋花中华汤

提升女
性魅力

材料

玉米罐头（奶油类型）…1/2 罐（100g）

蛋液…1 个份

洋葱泥…1 大匙

A ┌ 浓缩鸡汤骨粉…1 小匙
　└ 白酒…1 大匙

万能葱…适量 ▶ 葱花

盐、胡椒…各少许

热水…150mL

> **重点**
>
> 虽然可以马上食用，但经过焖烧调
> 理后口感更松软。玉米具有消除水
> 肿和利尿的功效。

制作方法

1 预热

将热水倒入焖烧罐，关上盖子预热。

2 烹煮

将热水、洋葱放入锅里加热。煮沸后加入 A 材料、
玉米快速搅拌，加入盐、胡椒调味。加入蛋液，充
分搅拌后关火。

3 装入焖烧罐

将焖烧罐中步骤 1 预热的热水倒掉，放入步骤 2 的
汤品、万能葱，关紧盖子。

如慢炖般的药膳汤品，有感冒症状时最适合食用

参鸡汤

改善眼 恢复
睛疲劳 疲劳

材料

鸡胸肉…30g
▶切成一口大小，淋上 1/2 大匙的白酒

红枣…3 个

枸杞…1/2 大匙

白饭…50g

生姜…1 大块 ▶切片

白酒…1 大匙

盐、胡椒…各少许

热水…250mL

制作方法

1 预热

将热水倒入焖烧罐，关上盖子预热。

2 烹煮

将热水、鸡肉、红枣、枸杞和生姜放入锅里加热。煮沸后加入白酒、白饭，再次沸腾后加入盐、胡椒调味，关火。

3 装入焖烧罐

将焖烧罐中步骤 1 预热的热水倒掉，放入步骤 2 的汤品，关紧盖子。

重点

红枣能改善贫血；枸杞可改善眼睛疲劳；鸡胸肉则具有提高肝功能的效果。

瘦身期间也适合食用的低热量汤品

魔芋丝白菜
中华汤

消除
便秘

材料

魔芋丝（干燥）…30g

白菜…1/2 大片（60g）▶切成大块

竹笋（水煮）…30g ▶切片

干香菇…4g ▶切片

火腿…2 片 ▶切成 3cm 长的条状

A ⎡ 浓缩鸡骨汤粉…1/2 小匙
　⎢ 酱油、胡椒…各少许
　⎣ 白酒…1 小匙

热水…200mL

制作方法

1 将 A 材料以外的所有食材放入焖烧罐，加入热水至没过食材，盖上盖子。

2 静置 2 分钟，将步骤 1 的盖子打开，将滤网或内盖平贴于瓶口，将焖烧罐里的热水沥掉，同时注意不要将食材倒出来。加入 A 材料，快速搅拌后倒入热水，关紧盖子。

重点

容易保存且风味极佳的干燥魔芋丝十分受欢迎。

大量虾干和干香菇的美味

豆芽菠菜
蔬菜汤

消除
便秘

材料

豆芽…40g

菠菜…2 小棵（30g）▶切段

虾干…1 大匙

干香菇…4g ▶切片

A ⎡ 浓缩鸡骨汤粉…1/3 小匙
　⎢ 白酒…1/2 小匙
　⎣ 酱油、胡椒…各少许

热水…200mL

制作方法

1 将 A 材料以外的所有食材放入焖烧罐，豆芽放在最底层。加入热水至没过食材，盖上盖子。

2 静置 2 分钟，将步骤 1 的盖子打开，将滤网或内盖平贴于瓶口，将焖烧罐里的热水沥掉，同时注意不要将食材倒出来。加入 A 材料，快速搅拌后倒入热水，关紧盖子。

加入椰奶的乳脂汤品，一吃就上瘾

南瓜亚洲咖喱汤

恢复
疲劳

材料

南瓜…4 等份的 1/12（30g）

  ▸ 切成 2cm 大小

牛肉片…40g ▸ 淋上 1/2 大匙的白酒

洋葱…1/6 个（30g）

  ▸ 切成月牙形，横向对半切

A ┌ 鱼露…1 大匙
  │ 椰奶…100mL
  └ 浓缩鸡骨汤粉…1/3 小匙

咖喱粉…1 小匙

盐、胡椒…各少许

热水…150mL

制作方法

1 预热

将热水倒入焖烧罐，关上盖子预热。

2 烹煮

将热水、洋葱放入锅里加热。煮沸后加入南瓜、牛肉和 A 材料，再次煮沸。肉的颜色改变后加入咖喱粉、盐和胡椒调味，关火。

3 装入焖烧罐

将焖烧罐中步骤 1 预热的热水倒掉，放入步骤 2 的汤品，关紧盖子。

麻辣汤头搭配芝麻油的风味，令人欲罢不能

萝卜干青葱汤

消除
便秘

改善
虚冷

材料

萝卜干…10g

▶ 用水泡软，如果太长就切成容易
食用的长度

葱…1/4 根（30g）▶ 斜切成薄片

火腿…1 片 ▶ 3cm 长的条状

虾干…1 大匙

芝麻油…1/2 大匙

A ┌ 浓缩鸡骨汤粉…1/3 小匙
  │ 白酒…1/2 大匙
  └ 酱油…1/3 小匙

苦椒酱…1/3 小匙

盐、胡椒…各少许

热水…220mL

制作方法

1 预热

将热水倒入焖烧罐，关上盖子预热。将芝麻油放入
平底锅加热，拌炒萝卜干、葱后加入火腿，快速翻炒。

2 烹煮

加入热水、A 材料，煮沸后将苦椒酱融入汤中，加
入盐、胡椒调味，关火。

3 装入焖烧罐

将焖烧罐中步骤 1 预热的热水倒掉，放入步骤 2 的
汤品、虾干，关紧盖子。

含有大量干贝甜味的奢华汤品也能快速上桌

白菜干贝中华汤

提升女
性魅力

材料

白菜…1 小片（70g）▸切成大块

干贝…2 个

干香菇…4g ▸切片

A ┌ 浓缩鸡骨汤粉…1/4 小匙
　├ 白酒…1 小匙
　└ 盐、胡椒…各少许

热水…200mL

制作方法

1 食材和焖烧罐的预热

将 A 材料以外的所有食材全都放入焖烧罐里，白
菜放在最底层，倒入热水至没过食材，关紧盖子。

2 沥干 & 加入热水

静置 2 分钟后，将步骤 1 的盖子打开，将滤网或内
盖平贴于瓶口，将焖烧罐里的热水沥掉，同时注意
不要将食材倒出来。加入 A 材料后快速搅拌，倒
入热水，关紧盖子。

焖烧罐的保温效果让冬瓜变得松软

冬瓜火腿汤

提升女
性魅力

材料

冬瓜⋯1/16 个（80g）

▶ 2cm 厚的银杏切

火腿⋯2 片　▶ 3cm 长的条状

生姜片⋯5 片

A ⎡ 浓缩鸡骨汤粉⋯1/2 小匙
　 ⎣ 白酒⋯1 大匙

盐、胡椒⋯各少许

热水⋯200mL

制作方法

1 预热

将热水倒入焖烧罐，关上盖子预热。

2 烹煮

将热水、冬瓜、火腿和姜片放入锅里加热。煮沸后
加入 A 材料，再次沸腾后加入盐、胡椒调味，关火。

3 装入焖烧罐

将焖烧罐中步骤 1 预热的热水倒掉，放入步骤 2 的
汤品，关紧盖子。

> **重点**
>
> 冬瓜可消除浮肿，生姜则能驱除虚冷，这是道效
> 果值得期待的汤品。

大量的木耳让血液变得清澈，又能补充铁质

鸡肉小油菜汤

提升女性魅力

材料

鸡胸肉…30g

▸ 切成一口大小，淋上 1/2 大匙的白酒

小油菜…1/2 棵（60g）

▸ 将叶和茎分开，分别切成段

木耳…2g ▸ 用水泡软后切成段

生姜…1/3 块 ▸ 切成较粗的丝

A ⎰ 鱼露…1 大匙
  ⎱ 白酒…1 大匙

盐、胡椒…各少许

热水…200mL

制作方法

1 预热

将热水倒入焖烧罐，关上盖子预热。

2 烹煮

将热水、生姜放入锅里加热，加入木耳、小油菜的茎、鸡肉和 A 材料，煮沸后加入小油菜的叶，再加入盐、胡椒调味，关火。

3 装入焖烧罐

将焖烧罐中步骤 1 预热的热水倒掉，放入步骤 2 的汤品，并依个人喜好放入柚子皮，关紧盖子。

黑色食材 + 莲藕 = 滋养丰富的汤品

莲藕黑芝麻汤

消除便秘

改善饮酒过多

材料

莲藕…1/4 小节（30g）▶ 磨成泥

黑芝麻糊…1 大匙

羊栖菜…2g ▶ 用水泡软

A ┌ 浓缩鸡骨汤粉…1/2 小匙
  └ 白酒…1 大匙

盐、胡椒…各少许

热水…250mL

制作方法

1 预热

将热水倒入焖烧罐，关上盖子预热。

2 烹煮

将热水、羊栖菜放入锅里加热，加入莲藕、芝麻和 A 材料后充分搅拌至煮沸。加入盐、胡椒调味，关火。

3 装入焖烧罐

将焖烧罐中步骤 1 预热的热水倒掉，放入步骤 2 的汤品，关紧盖子。

重点

莲藕对于因过度饮酒、暴饮暴食等不正常饮食生活而导致的肠胃燥热，进而引起便秘的人，十分有效。

以药膳形式制成，含有丰富食材的汤品

牛肉青椒**麻辣汤**

改善
虚冷

材料

牛肉片…50g ▸淋上 1/2 大匙的白酒

青椒…1 个（30g）▸纵切成条状

木耳…2g ▸用水泡软后切成大块

竹笋（水煮）…30g ▸切片

A ┌ 浓缩鸡骨汤粉…1/3 小匙
  │ 白酒…1 大匙
  │ 酱油…1/2 大匙
  └ 豆瓣酱…少许

橄榄油…1 小匙

盐、胡椒…各少许

热水…250mL

制作方法

1 将热水倒入焖烧罐，关上盖子预热。将橄榄油放入平底锅加热，用小火拌炒木耳，加入竹笋、青椒和牛肉后，快速翻炒。

2 加入热水、A 材料，煮沸后加入盐、胡椒调味，关火。

3 将焖烧罐中步骤 1 预热的热水倒掉，放入步骤 2 的汤品，关紧盖子。

适合冬天的温暖风味

鳕鱼裙带菜**汤**

改善饮
酒过多

材料

鳕鱼…1 小块（60g）▸切成一口大小

裙带菜（干燥）…3g

A ┌ 浓缩鸡骨汤粉…1/3 小匙
  └ 白酒…1 大匙

姜泥…1/2 小匙

盐、胡椒…各少许

热水…250mL

制作方法

1 将热水倒入焖烧罐，关上盖子预热。

2 将热水、裙带菜放入锅里加热，煮沸后加入 A 材料，熟透后加入盐、胡椒调味，关火。

3 将焖烧罐中步骤 1 预热的热水倒掉，放入步骤 2 的汤品、生姜，关紧盖子。

宣传部门山科小姐的汤便当

膳魔师员工的焖烧罐生活

只要早晨将食材装入焖烧罐里，罐里的食物就能在午餐时间成为刚好适合食用的热汤，这就是使用焖烧罐进行保温焖烧的"汤便当"，这简直就是午餐的一大革命！

本书所使用的焖烧罐是膳魔师的产品，而在该公司负责宣传工作的山科茜小姐也是每天携带汤便当的其中一人。正因为熟知自家公司的产品，所以对于焖烧罐的应用也十分得心应手。这次就来看看山科小姐一周的汤便当菜色，请她为我们介绍一下她个人私藏的焖烧罐食谱。

只要记下诀窍，早上真的只要 5 分钟！
变化无限！

焖烧罐是膳魔师公司自 20 多年以前就开始销售，在国外亦长期畅销的商品。如今，使用这种焖烧罐进行保温焖烧的消息已被大家所熟知，因而使得焖烧罐倍受关注，甚至就连我们这些员工都对这种通过保温性能制作便当的做法感到佩服至极（笑）。现在公司内部的员工，几乎都是汤便当一族。我个人的做法是，有时搭配白饭或面包，有时制作粥汤或大酱汤，直接以一道汤品填饱肚子，依照当天的心情或身体状况改变汤便当的菜色。逐渐习惯之后，早晨的准备工作就变得非常轻松，所以真的会让人爱不释手哦！

接受采访的人是这一位

膳魔师株式会社
市场营销部 广告宣传科
山科 茜小姐

负责"真空断热食品罐 JBJ-300"（容量 300mL）等相关商品的广告宣传工作。据说自从使用焖烧罐制作便当后，由于总能吃到未经过加工的健康、温暖汤品，所以身体也变得不容易虚冷。

星期一

咖喱风味搭配任何食材都对味

咖喱汤

将预先微波炉加热的食材放入焖烧罐中，沥掉多余的水分，加入 1 小匙咖喱粉、少许的浓缩清汤粉和热水后关上盖子即可。香肠和切成小块的土豆等根菜类蔬菜，也会在 3 ~ 4 小时之后变得软烂。这就是最美味的快速咖喱汤。

使用水煮的豆类最便利

鹰嘴豆番茄汤

想喝番茄汤，可是开一整瓶番茄酱分量又太多，这个时候可以用番茄酱稀释浓缩清汤粉制作汤底。将 30g 水煮鹰嘴豆、切成 1cm 丁块状的根菜、1 大匙番茄酱、1/2 小匙浓缩清汤粉和水放入耐热容器中，用微波炉加热后将所有材料装入焖烧罐即可。午餐时间一到，含有大量食材的汤品就完成了。

将普通的味噌汤稍微变化一下

大酱汤

味噌＋苦椒酱＝韩国风味的味噌汤。趁煮沸热水的期间，用微波炉加热蔬菜和 1/4 块豆腐。将加热的食材放入预热的焖烧罐里，加入各 1/2 小匙的味噌、苦椒酱、1/2 小匙浓缩鸡汤粉和热水。希望放入较大块豆腐的时候，要先用微波炉加热，让豆腐熟透。

松软的鸡蛋可以增添饱足感

酸辣汤

中华汤＋用醋制作的清爽汤头。将 1/2 小匙浓缩鸡汤粉和热水放入锅里加热，将用水溶解的 1 小匙太白粉、1/2 大匙醋和蛋液倒入汤里，充分搅拌，快速煮沸。将叶菜放入焖烧罐预热，沥干后将加热的汤倒入焖烧罐，并依个人口味添加辣油。鸡蛋如果用生的，容易腐败，所以务必事先加热。叶菜只要在预热的时候放入，食用的时候就可以熟透。

放入梅干、榨菜等个人喜爱的菜品

粥汤

只用盐、白米和热水就可制成美味的简易午餐。将 2 大匙白米放入焖烧罐，加入热水预热后沥掉，再加入少许的盐和热水，关紧盖子。大约 3 小时左右，粥汤就完成了！搭配柴鱼一起食用。喝了酒的隔天或是食欲不佳的时候，我经常这样做。

事前做好功课，就能更美味、更有益健康！

善用保温焖烧罐的药膳

让汤品成为良伴，让每天的饮食医食同源

本书所介绍的汤品善用了药膳的观点，挑选了适合身体状况的食材。由于汤的制作简单，不会让食材的营养流失，又可温热身体，所以汤是药膳制作中不可欠缺的一道。只要使用焖烧罐，养成每天喝汤的习惯，就可以在享受美味的同时，改善个人的体质。只要了解构成药膳基础的五味和五性的食材特征，就可以更有根据地挑选汤品。

对身体的作用，五种味觉会告诉我们。

在药膳的观点中，味觉分为五种，称为五味。各自具有不同性质的五种味觉，并不是单纯以舌头所感受到的味道进行区分，而是依照该味道所具备的功能加以分类。

酸味 具有舒缓腹泻、盗汗、咳嗽，缓和精神紧张以及止血的作用等。与血液的贮藏和调节、肌肉、指甲、眼睛等都有着密切的关系。

苦味 具有促进排泄和去除体内多余水分的作用，同时具有改善便秘、消除浮肿、抑制炎症、改善咳嗽和哮喘、散热的作用。

甜味 具有滋养、强壮、缓和作用，能增进脾功能。脾是指消化系统，因此具有改善虚弱体质，以及增进食欲、舒缓疼痛的作用。

咸味 具有软化僵硬物质的作用，能增进肾功能，同时能调节水分代谢，并与生长、老化、生殖、内分泌有关。

辣味 促进排汗，改善体内的气血循环，同时能将郁积在体内的寒气、热气、湿气排出体外，并与呼吸、皮肤、鼻、体毛有关。

了解各种作用，让汤品更健康！

五性

食材本身具有温热身体、冷却燥热的作用。

食材分成：①温热身体＝热性、温性；②冷却身体＝凉性、寒性；③不温热也不冷却身体，温和的滋养强壮效果值得期待＝平性，这就称为五性。尤其是当季食材中，更有许多适合该季节的性质。在药膳观念中，寒冷季节应摄取营养丰富且能蓄积能量的食材，以此温热身体；酷热时节则要积极摄取可冷却体内燥热的食材，以此可常保身体健康。

温热身体的食品

热性
食材

辣椒、肉桂（桂皮）、胡椒、白酒、山椒、辣椒粉等

- 提高新陈代谢
- 具有兴奋作用
- 贫血、虚冷
- 秋冬等寒冷季节
- 因感冒而发冷时

温性
食材

南瓜、韭菜、生姜、蒜头、葱、洋葱、鲜虾、小白菜、醋、松子、鸡肉等

身体不温热也不冷却的食品

平性
食材

米、土豆、香菇、木耳、豆类、圆白菜、花椰菜、西兰花、芋头、胡萝卜、白菜、大豆、玉米、黑芝麻、鸡蛋、猪肉、牛肉、梅子等

- 具有温和的滋养强壮效果

冷却身体的食品

凉性
食材

茄子、白萝卜、菠菜、小油菜、秋葵、芹菜、黄瓜、豆腐、小麦、苹果等

- 镇静、消炎作用
- 头晕、发热
- 血压高的时期
- 夏季或盛夏酷热的日子
- 因感冒而高烧时

寒性
食材

冬瓜、西葫芦、番茄、竹笋、莲藕、魔芋、蚬贝、花蛤、海苔、海带、柚子等

※ 本页仅刊载作为主食材的材料。

图书在版编目（CIP）数据

焖烧罐汤便当 ／（日）植木桃子著；罗淑慧译. ——
北京：光明日报出版社，2015.11

（随身小厨房）

ISBN 978-7-5112-9328-2

Ⅰ．①焖… Ⅱ．①植… ②罗… Ⅲ．①汤菜－菜谱
Ⅳ．①TS972.122

中国版本图书馆CIP数据核字(2015)第234457号

著作权登记号：01-2015-7003

SOUPJAR DE TSUKURU ASA RAKU SOUP BENTOU 85
© MOMOKO UEKI 2013
Originally published in Japan in 2013 by SHUFUNOTOMO CO., LTD.
Chinese translation rights arranged through DAIKOUSHA INC., Kawagoe.

随身小厨房：焖烧罐汤便当

著　　者：（日）植木桃子	译　　者：罗淑慧
责任编辑：李　娟	策　　划：多采文化
责任校对：于晓艳	装帧设计：杨兴艳
责任印制：曹　诤	

出版方：光明日报出版社

地　址：北京市东城区珠市口东大街5号，100062

电　话：010-67022197（咨询）　传　真：010-67078227，67078255

网　址：http://book.gmw.cn

E-mail：gmcbs@gmw.cn　lijuan@gmw.cn

法律顾问：北京德恒律师事务所龚柳方律师

发行方：新经典发行有限公司

电　话：010-68423599　E-mail:editor@readinglife.com

印　刷：北京艺堂印刷有限公司

本书如有破损、缺页、装订错误，请与本社联系调换

开　本：889×1270　1/32	
字　数：90千字	印　张：3
版　次：2016年2月第1版	印　次：2016年2月第1次印刷
书　号：ISBN 978-7-5112-9328-2	

定　价：36.00元